BIBLIOTHÈQUE DU CULTIVATEUR

LES

CHOUX

CULTURE ET EMPLOI

PAR P. JOIGNEAUX

PARIS

LIBRAIRIE AGRICOLE DE LA MAISON RUSTIQUE
26, RUE JACOB, 26

LES CHOUX

MONTEREAU. — IMP. LÉON ZANOTE.

BIBLIOTHÈQUE DU CULTIVATEUR

PUBLIÉE AVEC LE CONCOURS DU MINISTRE DE L'AGRICULTURE

LES

CHOUX

CULTURE & EMPLOI

Par P. JOIGNEAUX

PARIS
LIBRAIRIE AGRICOLE DE LA MAISON RUSTIQUE
26, RUE JACOB, 26

1864

LES CHOUX

CULTURE ET EMPLOI

Plan de l'ouvrage

Pour les botanistes, le genre Chou (*Brassica*) ne comprend pas seulement les espèces et variétés fourragères et potagères que nous cultivons dans nos champs et nos jardins sous le nom de Choux; à leurs yeux, le colza, la navette, la moutarde noire, le navet, sont autant d'espèces distinctes de ce genre. Nous n'entendons pas, on le pense bien, critiquer cette classification, mais nous avons le regret de ne pouvoir l'adopter : 1º Parce qu'elle nous conduirait plus loin que nous ne voulons aller dans cette monographie; 2º parce qu'elle contrarierait à l'excès les habitudes reçues et qu'elle jeterait inévitablement la confusion et l'obscurité dans l'esprit des lecteurs auxquels nous nous adressons.

Nous ne parlerons donc ici que des espèces et variétés généralement connues sous le nom de Choux, y compris le Crambé dit Chou marin ; et quel que soit notre respect pour les hommes éminents de l'agriculture et de l'horticulture qui se sont occupés de ces plantes, précieuses à tant de titres, nous n'accepterons pas docilement les classifications établies par eux. Ce que Philippe Miller, Duchêne, de Versailles, et plusieurs autres ont écrit là-dessus, ne nous satisfait point, et, au risque de n'être pas plus heureux que nos savants devanciers, nous allons proposer une classification nouvelle.

Nous diviserons nos Choux cultivés en sept catégories qui, au besoin, se subdiviseront à leur tour.

La première catégorie comprendra les CHOUX QUI NE POMMENT PAS OU QUI POMMENT A PEINE ;

La deuxième catégorie, les CHOUX A TIGE RENFLÉE AU COLLET ;

La troisième catégorie, les CHOUX QUI POMMENT ;

La quatrième catégorie, les CHOUFLEURS et BROCOLIS ;

La cinquième catégorie, les CHOUX A RACINE COMESTIBLE ;

La sixième catégorie, le CHOU CHINOIS ;

La septième catégorie, le CHOU MARIN.

PREMIÈRE PARTIE

MONOGRAPHIE DES CHOUX

Première catégorie

DES CHOUX QUI NE POMMENT PAS OU QUI POMMENT A PEINE

Nous n'avons pas à rechercher si le Chou sauvage des bords de la mer est ou n'est point la souche des plantes dont nous allons vous entretenir. C'est une chose difficile à prouver, aussi bien dans le sens affirmatif que dans le sens négatif, et nous ne voyons pas, quant à présent, la nécessité de dépenser du temps, de l'encre et des hypothèses à pareille besogne. Il est du devoir des chercheurs de l'horticulture de soumettre le Chou sauvage de nos côtes à une culture soignée, de tenter les améliorations et de se demander si les modifications qu'ils pourront obtenir autorisent ou n'autorisent point les soupçons des botanistes. Pour notre compte, nous avons en ce moment autre chose à faire, et nous désirons nous renfermer exclusivement dans le domaine de la pratique.

Les Choux de la première catégorie peuvent être subdivisés en trois groupes : 1° *Choux fourragers;* 2° *Choux potagers;* 3° *Choux frisés* propres à divers emplois.

§ 1. — GROUPE DES CHOUX FOURRAGERS

Dans ce groupe, nous plaçons : le Chou cavalier, le Chou caulet de Flandre, le Chou branchu du Poitou, le Chou moellier, le Chou de Lannilis et le Chou vivace de Daubenton. Ce sont les seules races dignes d'être recommandées pour la grande culture. Il nous reste à les examiner successivement dans l'ordre où nous les avons placées.

Chou cavalier. — On le connaît encore, d'après M. Vilmorin, sous les noms de grand Chou de Bretagne, Chou arbre, Chou vert, Chou sans tête, Chou arbre de Laponie, grand Chou à vache et Chou asperge. Le même auteur le décrit de la manière suivante (grav. 1) : « Tige haute de 1ᵐ,60 à 2 mètres et plus, feuilles longues de 0ᵐ,60 à 0ᵐ,80, presque entières à la partie supérieure, arrondies, à pétiole ordinairement nu, mais souvent accompagné d'oreillettes épaisses ; unies, d'un beau vert ;

Grav. 1. -- Chou cavalier.

disposées sur toute la longueur de la tige, qui prend un

accroissement plus considérable quand on cueille celles de la base. »

Les personnes qui ont visité, par exemple, les départements de Maine-et-Loire et de la Loire-Inférieure, où le Chou cavalier abonde dans les champs et les jardins, n'auront pas de peine à le reconnaître dans la description qu'on vient de lire. Nos populations de l'Ouest ont cette plante en grande estime, pour les raisons que voici : Elle donne un fourrage vert considérable, très recherché du bétail; elle fournit, en outre, au cultivateur, des feuilles qu'il ne dédaigne point pour sa nourriture, bien qu'elles ne soient pas délicates; enfin, elle prospère dans ces contrées et résiste bravement à l'hiver. La considération dont jouit le Chou cavalier est certainement méritée, et nous remarquons avec plaisir que sa culture tend chaque année à gagner du terrain. Mieux vaut tard que jamais. Il y a plus d'un demi-siècle que Parmentier la conseillait vivement; il écrivait alors les lignes qu'on va lire :

— « Un cultivateur anglais, M. Badders, a prouvé, par l'expérience, que les Choux sont de beaucoup préférables aux turneps pour engraisser le bétail. Il y a, selon lui, soixante-quinze pour cent à gagner, relativement à la quantité, et il faut trois fois moins de temps. L'effet des Choux est de distribuer la graisse plus également.

« Les animaux de la ferme de M. Scroop ont extraordinairement prospéré depuis qu'il leur donne des Choux. Aujourd'hui il n'engraisse plus ses bœufs et ses moutons que par leur moyen. Les avantages qu'il a retirés de leur culture dans les années de sécheresse sont incalculables. Il leur doit la plus grande partie de sa fortune; aussi les soigne-t-il avec une attention toute particulière. »

Il n'y avait dans ces assertions rien d'exagéré, et, en ce temps-ci, vous ne seriez pas en peine de trouver des fermiers qui mettent les Choux cavalier au-dessus de tous les fourrages verts, pour la nouriture des bœufs et des moutons. Ces Choux, cultivés dans de très bonnes conditions, peuvent fournir un rendement d'environ 80,000 kilogr. par hectare, c'est-à-dire deux fois plus que le Maïs fourrager, et quatre fois plus que le Trèfle incarnat ou *farouch*. Mais gardons-nous bien de nous laisser étourdir par ces promesses splendides; tous les climats et tous les terrains ne réalisent pas indistinctement les conditions voulues pour atteindre un pareil rendement. Le Chou exige une atmosphère plus souvent humide que sèche, une certaine uniformité de température, des terres fortes et fumées copieusement, ou bien encore des défriches récentes, de bonne qualité. Les climats secs, les terrains poreux et brûlants ne sauraient convenir aux Choux cavalier et autres, à moins cependant que ces terrains ne soient faciles à irriguer. Ainsi, l'Angleterre est nécessairement le pays par excellence pour la culture du Chou; et, chez nous, la Bretagne, la Normandie et la Flandre ont, sous ce rapport, des avantages que personne ne songe à contester, et qu'on ne rencontre autre part qu'accidentellement, de loin en loin. Il ne faut pas plus demander à la Champagne et à la Provence de produire les Choux fourragers du littoral Breton, que nous ne demandons à ce littoral de produire des vins de Bouzy ou des olives.

Chou caulet de Flandre. — C'est une sous-variété du

Cavalier commun, dont elle se distingue par la couleur rougeâtre de ses tiges, des pétioles et des nervures de ses feuilles.

Chou branchu du Poitou. — C'est le Chou Poitevin, le Chou mille-têtes, le Chou mille-œils, et peut-être a-t-il encore d'autres noms que nous ne connaissons pas. Il s'élève moins haut que le Chou cavalier, mais il se ramifie et l'ensemble de ses rameaux forme une sorte de buisson. Nous l'avons cultivé et croyons nous rappeler que ses feuilles, moins amples que celles du Cavalier, sont d'un vert plus tendre. Ce Chou branchu est fort productif; seulement, il n'est pas très robuste, et les hivers rigoureux compromettent la récolte.

Chou moellier, Chou à la moelle, Chou Chollet. — Sa tige qui dépasse assez ordinairement un mètre et demi, comme celle du Chou branchu, se renfle vers son sommet et se compose d'un tissu tendre que le bétail mange avec plaisir. Les feuilles de ce Chou sont larges, épaisses, d'un vert blond, et ont les pétioles courts. Il redoute beaucoup la gelée et n'est cultivé qu'en Bretagne. Il existe un *Chou moellier à tige rouge* que M. Vilmorin a décrit en ces termes : — « Tige violette, paraissant être plus grosse que dans la race ordinaire du Chou moellier, de la grosseur du bras, hauteur de 1ᵐ,50, surmontée par un faisceau de feuilles amples, à pétiole court, vertes. Cette magnifique race nous a été communiquée par M. Polo. »

Chou de Lannilis. — Cette race est très proche voisine du Chou cavalier commun. Le Chou de Lannilis est moins

élevé, plus fort de tige, plus ramassé, plus blond de feuillage que le Cavalier, et par fois sa tige se renfle vers la
sommité, comme celle du Moellier.

Chou vivace de Daubenton. — Ce Chou, malgré le
nom qu'il porte, n'est pas du tout vivace; seulement il est
arrivé que ses feuilles longues, larges, lourdes et retom-
bantes se sont enracinées ou marcottées. Voilà la particularité qui explique son baptême, sans le justifier. Il s'élève
moins haut que les diverses races dont il vient d'être parlé;
les tiges de 1^m,20 sont plus communes que celles de 1^m,50;
il n'est pas aussi productif que le Cavalier et le Poitevin,
mais en retour, il est plus rustique que ce dernier.

CULTURE DES CHOUX FOURRAGERS. — Nous savons déjà
que les climats humides et les terrains frais conviennent
particulièrement à ces plantes; il ne nous reste plus qu'à
enseigner la manière de les cultiver.

Il va sans dire que la qualité de la semence est à considérer par-dessus tout, et que, toutes choses égales d'ailleurs, les produits de graines médiocres ne valent jamais,
pour le rapport, la succulence et la rusticité, les produits
de graines de choix. Or, pour avoir ces graines de choix, on
devra les prendre sur des semenceaux irréprochables, auxquels on n'aura pas ôté de feuilles pendant la première
année, et qui auront été transplantés à la sortie de l'hiver
en sol riche. Les fortes siliques qui jauniront les premières
sur les tiges ou sur les branches principales devront être
préférées aux siliques des rameaux de second et de troisième ordre. Si le cultivateur voulait se donner la peine de

supprimer avec les ongles les fleurs de ces rameaux chétifs,
au moment où elles s'ouvrent, afin de concentrer la sève
sur les tiges et les branches principales, il ne perdrait
certes pas son temps.

Ces précautions prises, nous pouvons ajouter que la
meilleure graine sera celle qui mûrira le plus complètement sur pied, et que la jeune graine bien choisie et bien
mûre, sera toujours supérieure à la vieille graine.

Pour ce qui est du semis et du repiquage, on nous permettra de rappeler ce que nous avons écrit là-dessus dans
le *Livre de la Ferme* : — « On sème les Choux à deux
époques différentes : Vers la fin de l'été et au printemps;
on les sème ou à demeure, c'est-à-dire à la place qu'ils
occuperont tout le temps de leur végétation; ou bien en
pépinière, pour les y prendre sept ou huit semaines après
le semis et les repiquer. La première méthode ne donne
que de médiocres produits; la seconde est la seule qu'on
doive suivre. Ainsi donc, vous formerez une pépinière de
plants de Chou et vous vous rappellerez que 250 grammes
de graines fournissent assez de plants pour le repiquage
d'un hectare. Le jardin de la ferme est la meilleure place
à prendre pour établir cette pépinière. Vers le 1er août,
on commence par labourer la terre avec la bêche; puis on
la divise en planches de 1m,15 de largeur que l'on nivelle
bien avec le râteau. Cinq ou six jours après cette opération,
on râtelle de nouveau chacune des planches et l'on pro-
cède au semis à la volée. On recouvre avec le râteau; on
répand après cela sur la pépinière un peu de compost préparé avec deux tiers de fumier de ferme très pourri, un
tiers de bonne terre et quelques poignées de sel de cuisine,

1.

et là-dessus on arrose légèrement. La levée ne se fait
guère attendre. Dès que l'on peut saisir les jeunes plantes
avec la main, on les éclaircit de façon à laisser entre elles
des intervalles de 2 à 3 centimètres. Ce détail, en apparence
futile, a plus d'importance qu'on ne le croit, car les plantes
qui n'étouffent pas en pépinière, qui ne s'y étiolent pas faute
d'air et de lumière, se développent mieux dans la suite,
résistent mieux aux intempéries et produisent plus que les
plantes provenant de pépinières négligées. On ne se borne
pas à éclaircir, on sarcle au moins deux fois, et au bout
de deux mois environ, vers la fin de septembre ordinairement, les plants sont assez forts pour être enlevés et transplantés. On saisit donc une fourche de fer à trois dents, et à
mesure qu'on soulève la terre de la pépinière pour détruire
l'adhérence des racines, on enlève les jeunes Choux, et
toujours au moment même de la transplantation. Il ne faut
pas que l'air dessèche la racine et flétrisse la feuille.

« Il n'y a qu'une bonne manière de repiquer ou transplanter les Choux. Elle consiste à se servir du plantoir et
du long cordeau. Une personne ouvre les trous à 60 ou
80 centimètres de distance, selon le développement que
prennent les races cultivées; une seconde personne met le
plant dans le trou, de manière à ne pas recourber le pivot,
et remplit l'ouverture à l'aide d'un plantoir qu'elle ma-
nœuvre de la main droite, tandis qu'elle tient le Chou de
la main gauche.

« Avec le repiquage d'automne, on prend nécessairement de l'avance, et dans le courant de l'été suivant, on
peut déjà demander de la feuille aux Choux, pour la consommation du bétail.

« S'agit-il de la consommation d'hiver, on se hâte moins; on attend le mois de mars pour établir la pépinière et l'on repique dans le courant de mai, toujours dans un terrain bien préparé et copieusement fumé. Ou, ce qui vaut encore mieux, on sème en avril et on repique vers la fin de juin. »

Les Choux repiqués en automne reprennent aisément, mais il faut s'attendre à en voir un certain nombre s'*emporter* ou monter à fleurs au printemps. On les enlève de suite et on les remplace par du plant de pépinière. Les Choux repiqués en juin n'offrent pas ce petit inconvénient, mais quand le temps est à la sécheresse prolongée, ils souffrent beaucoup avant de reprendre racine, et ce malaise momentané amoindrit toujours un peu leur rusticité naturelle. Qui a pâti dans sa jeunesse, s'en ressent plus ou moins dans sa vieillesse. On a donc raison de conseiller aux cultivateurs de guetter un temps brumeux ou pluvieux pour le repiquage d'été; une reprise immédiate est constamment de bon augure.

Les soins à donner aux plantations de Choux pendant le cours de la végétation n'offrent aucune difficulté. Il faut sarcler de temps à autres et biner deux ou trois fois, quand la terre est bien sèche. On se trouverait bien également, au fort de l'été, d'établir de grosses buttes autour des plantes, afin d'abriter les tiges contre les rayons trop ardents du soleil, et de les empêcher ainsi de se durcir prématurément. La butte a le double mérite de maintenir un peu de fraîcheur dans le voisinage des racines et de conserver la tendreté des tissus de la tige; d'une part donc, elle prévient les arrêts de végétation; de l'autre, elle assure

à la sève une circulation facile. Nous savons bien que dans
les contrées où la main-d'œuvre est rare et chère par conséquent, on ne se souciera point d'introduire le buttage à
la main parmi les pratiques culturales des Choux fourragers, mais nous n'en persistons pas moins à recommander
vivement cette opération comme une des plus essentielles,
du moins dans les climats chauds et secs.

Nous avons déjà dit et nous répétons qu'avec les plantations d'automne, on commence la récolte des feuilles vers
la fin de l'été; avec les plantations de la fin du printemps,
elle n'a lieu qu'en octobre et novembre, et se poursuit jusqu'en avril. Il n'y a d'interruption que pendant les mois de
janvier et de février. Il est prudent de ne prendre sur
chaque pied et à chaque cueillette que trois ou quatre
feuilles principales; il est prudent aussi de ne pas arracher
ces feuilles en les tirant de haut en bas, car les déchirures
faites aux tiges se cicatrisent péniblement dans la saison
froide et peuvent compromettre la plantation. Le mieux
est de rompre le pétiole ou de le couper un peu au-dessus
de son point d'insertion.

La récolte importante est celle d'octobre et de novembre.
Dans certaines années douces et humides, on la commence
même dès le mois de septembre, et elle dure ainsi trois
mois au lieu de deux. La cueillette de mars et d'avril n'est
point comparable à la première; d'ailleurs on ne saurait
compter sûrement sur elle, car les hivers rudes la suppri-
ment de temps en temps, et cette suppression est d'autant
plus à craindre que la culture a été plus soignée. En voici
la raison : les Choux négligés ont la tige coriace ou ligneuse,
et la sève y circule mal, tandis que ceux qui ont bien vécu

ont les tissus tendres, sèveux et par conséquent sensibles
aux rigueurs du froid.

M. Jamet a dit dans son *Cours d'agriculture* :

— « Vous ne vous faites pas une idée du rendement d'un
journal (52 ares) de Choux cultivés avec soin ; on ne saurait dire combien il donne de fourrage. A peine a-t-on fini
d'enlever les feuilles à un bout, qu'il faut recommencer à
l'autre. Cela dure quelquefois trois mois, lorsque l'hiver
n'est pas trop précoce. J'ai vu une ferme où on nourrissait
quarante bêtes à cornes ; le métayer avait quatre journaux
(2 hectares) de Choux magnifiques ; il commença l'effeuillage au 1er septembre, et il ne le termina qu'un mois après
la Toussaint. Pendant ce temps les animaux ne mangèrent
presque pas autre chose, car les prés et les pâtures ne
fournissaient guère ; on estima que le bétail avait gagné
1,000 francs de valeur en ces trois mois. Ce n'est pas tout,
le même champ lui donna une nourriture abondante pour
tous ses bestiaux pendant les mois de mars et d'avril. Vous
savez que les Choux sont consommés à cette époque, lorsqu'ils montent en fleur ; on les coupe rez-terre avec une
serpe, et on les tranche ensuite avec le même instrument,
pour les donner à la crèche. Les animaux aiment beaucoup
la moelle, il faut que les troncs soient bien durs pour qu'ils
les rebutent.

« L'effeuillage demande beaucoup de temps, il est coûteux ; mais le Chou se récoltant par partie ou en entier
pendant les deux saisons où le fourrage vert fait défaut,
l'amélioration du bétail paie bien la dépense. Avec un peu
de paille et une forte ration de Choux, on tient les bêtes
en meilleur état qu'avec une grande quantité de foin. Du

reste, c'est avec les Choux et les Navets que les Poitevins font ces beaux bœufs gras, si estimés de la boucherie. »

Pour ce qui est de l'engraissement des bœufs et des moutons avec les feuilles de Choux, le fait est hors de doute; mais en ce qui regarde la production du lait, les feuilles en question ont l'inconvénient de lui communiquer une saveur particulière qui le déprécie. On fera donc bien de ne pas soumettre les vaches laitières à ce régime exclusif, et d'alterner avec d'autres fourrages.

§ II. — GROUPE DES CHOUX POTAGERS.

Dans ce second groupe de la première catégorie, viennent se placer : le Chou vert à grosse côte, le Chou blond à grosse côte et le Chou frangé.

Chou vert à grosse côte. — Cette race de Chou, que nous avons cultivée et vu cultiver en Belgique, répond bien à la description que donne M. Vilmorin : tige courte, feuilles lisses à pétioles gros, blancs et charnus, presque entières ou à lobes peu profonds, d'un vert assez pâle, marquées de nervures blanches et assez grosses; seulement, nous ne lui connaissons pas de petite pomme très serrée se formant à l'arrière saison. Notre Chou vert d'hiver ne pomme pas; ses feuilles supérieures ne font que se rapprocher et se contourner pour simuler une tête, et seulement quand on l'a semé et repiqué de bonne heure. Mais le plus ordinairement, ce rapprochement des feuilles n'a pas lieu. De Combes désigne cette variété sous le nom de *Chou de Beauvais*. On cultive en Belgique un *Chou vert* *d'hiver* très robuste, de couleur plus foncée que le précédent et à côtes peu prononcées.

Chou blond d'hiver à grosses côtes. — Il ne diffère du précédent que par la couleur blonde de ses feuilles; il est plus délicat, mais aussi moins rustique et ne résiste pas toujours, comme le précédent, aux hivers rudes.

Chou frangé, Chou fraisé, Fraise de veau. — On donne ces trois noms à une race de Chou, dont les feuilles lobées irrégulièrement, ondulent et se contournent sur les bords d'une façon qui rappelle un peu la fraise de veau. Ces feuilles sont d'un vert glauque.

CULTURE DES CHOUX POTAGERS. — Ces Choux, destinés à la consommation de l'hiver et des mois de mars et avril, ne doivent pas être semés de bonne heure, mais par cela même qu'ils ont à subir toutes les rigueurs de la mauvaise saison, il s'agit de maintenir leur rusticité et par conséquent d'employer une semence irréprochable. Pour l'obtenir, on suivra les conseils que nous avons donnés en parlant des Choux fourragers.

Il convient de semer ces Choux en pépinière dans la seconde quinzaine d'avril ou au commencement de mai. Le plus tôt possible, après la levée, on éclaircit de façon que les jeunes plantes ne soient pas gênées dans leur développement; sans cette précaution, on aurait des tiges frêles, élancées, étiolées, tandis qu'il nous les faut robustes, rustiques, en un mot solidement constituées et capables de traverser bravement l'hiver. Vers la fin de mai ou dans le courant de juin, on repique à demeure le plant de pépinière, en laissant entre les pieds des intervalles de 0m,60 seulement. Fort souvent, au moins dans les localités du Nord, que nous avons habitées, il est d'usage de repiquer ces Choux d'hiver parmi les pommes de terre précoces, entre les buttes. L'arrachage des tubercules équivaut à un labourage pour les Choux, qui, à partir de ce moment, restent seuls maîtres du terrain.

Il va sans dire que les Choux potagers d'hiver affectionnent les terres riches ou copieusement fumées; toutefois, il n'y a pas nécessité de les traiter avec un soin particulier et de butter les tiges en plein été, car on n'est pas pressé de récolter les feuilles, et l'on perdrait sûrement en rusticité ce que l'on gagnerait d'autre part. Il est bon que ces plantes végétent avec modestie, qu'elles restent trapues et prennent une consistance ligneuse. N'oublions pas qu'il en est de ces Choux comme des Choux fourragers, et que ceux qui résistent le moins à l'hiver sont précisément ceux qui ont été traités avec le plus d'égards en été. N'oublions pas non plus que si les Choux fourragers donnent leur principale récolte avant l'hiver, nos Choux verts potagers ne donnent la leur qu'après l'hiver, et concluons de cette distinction essentielle qu'il doit y avoir une différence entre la culture des uns et celle des autres.

On fumera donc modérément les Choux potagers d'hiver, on les sarclera et on les binera au besoin, mais on ne les buttera pas.

Pour ce qui est de la récolte, on peut rompre quelques-unes de leurs feuilles principales, lorsque la gelée les a attendries; mais le plus ordinairement on attend les mois de mars et d'avril. Alors, et à mesure que les besoins commandent, on coupe les sommités des Choux, de manière à laisser 3 ou 4 feuilles principales à l'extrémité du tronc. Ces feuilles de réserve appellent la sève et un certain nombre de rejets poussent sur la vieille tige. Ce sont ces rejets ou regains que l'on désigne improprement, en plusieurs endroits, sous le nom de *Brocolis*. On a ainsi double récolte.

Ce qui vient d'être dit s'applique particulièrement aux Choux d'hiver à grosses côtes. On n'attend pas souvent le printemps pour les choux frangés; on les livre d'ordinaire à la consommation en hiver, dans les intervalles des gelées, alors que les Choux cabus deviennent rares. On vend ces Choux frangés à la halle de Paris, par quantités plus ou moins considérables et à des prix qui rendent l'acquisition facile aux restaurateurs de dernier ordre qui tiennent plus à la quantité qu'à la qualité des denrées alimentaires.

§ III. — GROUPE DES CHOUX FRISÉS

Dans ce troisième groupe de la première catégorie, nous plaçons le grand Chou frisé vert du Nord ou Chou frisé d'Ecosse, le grand Chou frisé rouge, le Frisé vert à pied court, le Frisé rouge à pied court, le Chou frisé prolifère et le Chou frisé de Naples. De Combes parle d'un Chou brun nommé aussi *Pyramidal* qui « forme une tige de trois pieds environ, fournie dans toute sa longueur, de feuilles extraordinairement frisées, frangées et plissées par onde ». Il ajoute que des aisselles de chacune, il sort un rejeton semblable au brocoli, et que c'est ce rejeton que l'on mange. Le même auteur nous apprend que de son temps, il y en avait deux variétés : l'une à feuilles vertes, l'autre à feuilles violettes, et que cette dernière était la plus estimée.

Les Choux frisés verts et rouges ou plutôt violacés, que nous connaissons, ressemblent bien par leur taille et leurs feuilles, profondément découpées et frisées, aux Choux dont nous parle De Combes, mais la tige des nôtres est nue jusqu'à la couronne, tandis que celle des siens était, à ce qu'il assure, fournie de feuilles dans toute sa longueur. Nous n'avons pas non plus remarqué les brocolis aux aisselles de ces feuilles.

Nos grands Choux frisés s'élèvent souvent à plus d'un mètre; nos Choux frisés à pied court n'en sont que des sous-variétés qui n'atteignent point un demi-mètre. Le Frisé panaché, qui ne s'élève pas non plus au-delà de 50 centimètres, pourrait bien avoir été produit par le croisement de ces deux petites sous-variétés.

Le Chou frisé prolifère est d'un vert pâle; ses feuilles moins frisées que celles des autres, s'en distinguent par des excroissances foliacées qui poussent sur la côte ou nervure principale, et même sur les nervures secondaires et la partie verte du limbe. Il existe des sous-variétés panachées de ce Chou prolifère qui est très rustique.

Personnellement, nous ne connaissons pas le Chou frisé de Naples. M. Vilmorin nous apprend dans sa *Description des plantes potagères*, que c'est surtout une variété ornementale, intermédiaire entre les Choux pommés et les Choux-raves.

La culture des Choux frisés est exactement la même

que celle des Choux verts d'hiver. Ils résistent très bien aux rigueurs de la mauvaise saison. On ne mange leurs feuilles que lorsqu'elles ont été attendries par la gelée, et alors beaucoup de personnes en vantent la qualité. Pour notre compte, nous les tenons pour très médiocres. On les trouve en hiver sur les marchés de Paris.

Les Choux frisés ne sont pas seulement employés jusqu'au printemps dans les préparations culinaires; on les cultive encore à titre de plantes d'ornement, et ils partagent cet honneur avec l'Arroche rouge et les Bettes à cardes de couleur. Ouvrez le livre intitulé : *Les fleurs de pleine terre*, et vous y lirez les lignes suivantes :

— « Tous ces Choux peuvent concourir à l'ornement des jardins paysagers, et cultivés en pots, ils peuvent également décorer les habitations. Leurs feuilles qui sont aussi jolies que des fleurs, servent aussi quelquefois pour orner les tables ou pour confectionner des bouquets; et, à cet effet, elles sont d'autant plus précieuses, que c'est de novembre en janvier qu'elles acquièrent toute leur beauté ».

Deuxième catégorie

DES CHOUX A TIGE RENFLÉE AU COLLET

Chou-rave. — C'est le seul Chou dont la tige se renfle franchement au collet (grav. 2.) Nous aurions pu, sans crainte de réclamations, le ranger dans la catégorie des espèces et variétés qui ne pomment pas, mais sa forme est d'une originalité tellement accentuée et son importance économique nous paraît si considérable, que nous n'avons pas su résister au désir de créer pour lui une catégorie spéciale.

Grav. 2. — Chou-rave.

En France, au moins dans beaucoup de localités, on désigne sous le nom de Chou-rave le Navet de Suède ou Rutabaga. C'est à tort. Le Chou-rave, dont nous allons vous entretenir, et que nous figurons ici pour prévenir toute erreur, est le *Colrave* des Alsaciens, le *Chou-pomme* de certains endroits, le *Kohlrabi* des Anglais, appellation très librement traduite en Belgique par *Chou d'Arabie;* c'est enfin le *Chou de Siam* des marchands grainiers de Paris et le *Kohlrabiüber* des Allemands. Sa tige est caractérisée par un renflement plus ou moins considérable, en forme de sphère, ou de boule aplatie, ou d'ovale, renflement sur lequel naissent les feuilles.

Le Chou-rave est une des plantes les plus précieuses pour le potager et pour la grande culture, et nous en sommes à nous demander, comme Parmentier, il y a plus d'un demi-siècle, pourquoi on le cultive si peu aux environs de Paris et ailleurs. Il serait peut-être diffi-cile de donner de bonnes raisons à l'appui de cette indif-férence. Nous sommes tenté de croire, d'après les Choux-raves que nous avons examinés à diverses reprises à la halle, qu'on les a de tout temps mal cultivés chez nous, qu'on n'a su fournir aux consommateurs que des plantes *cordées* ou coriaces, ou ligneuses, et que les seuls qui soient restés fidèles à ce légume, malgré ses imperfec-tions', pourraient bien être des Parisiens originaires de l'Alsace ou de l'Allemagne. Si la consommation du Chou-rave n'augmente pas, c'est aux cultivateurs qu'il faut s'en prendre.

Le Chou-rave blanc, le seul admis dans la grande cul-ture, mais qui convient très bien aussi au potager, a pro-duit le *Chou-rave violet* ou à boule violette, quelques va-riétés hâtives blanches ou violettes et enfin une race très distincte, à feuilles profondément découpées, et désignée sous le nom de *Chou-rave à feuilles d'Artichaut.* Ce der-

nier a plus de valeur comme plante ornementale que
comme légume.

CULTURE DU CHOU-RAVE. — Ce que nous disions un jour
dans une conférence de village, au milieu de cultivateurs
de profession, nous pouvons le redire ici. Si nous avions
un choix à faire pour la grande culture entre toutes les
espèces et variétés de Choux fourragers, nous prendrions
peut-être sans hésiter le Chou-rave, parce qu'il est facile
à cultiver, très productif, d'une excellente qualité, de
longue durée, et qu'il n'a rien à craindre sur pied des
ravages des chenilles. Nous ne lui connaissons qu'un inconvénient, c'est de crever, de se déformer, à la suite
d'une grande sécheresse, alors que les pluies surviennent
et rendent la sève trop fougueuse, et encore, nous parierions que l'on peut empêcher cet inconvénient.

La première condition pour bien réussir avec le Chou-
rave, comme d'ailleurs avec toutes les plantes, c'est de se
procurer d'abord de la graine d'excellente qualité. On la
sème en pépinière à partir du mois de mars jusqu'au commencement d'avril; on éclaircit les jeunes plantes à propos,
et dès qu'elles ont de 0m,14 à 0m,16, on les repique aux
champs à 0m,60 au plus l'une de l'autre, ou seulement à
0m,50 dans une bonne terre, et autant que possible par un
temps couvert ou humide.

Pendant le cours de la végétation, on sarcle à diverses
reprises avec la ratissoire à pousser; puis, dès que les
renflements des tiges ont à peu près la moitié du volume
du poing, on relève la terre autour, autrement dit on butte
de façon à recouvrir ces renflements. C'est la méthode

anglaise, et nous la garantissons bonne. On renouvelle ces buttages, soit avec la houe, soit plutôt avec une charrue à double versoir, afin d'aller plus vite, et cela au fur et à mesure que les pommes se dégagent de leur couverture de terre, mais toujours par un temps sec, et de cette manière on n'a pas à craindre que les boules viennent à se fendre et à se tourmenter.

Ceci se comprend très bien. Quand nous laissons le renflement exposé à l'air et au soleil, la peau se durcit, perd son élasticité, ne se prête plus au développement de la partie charnue et éclate, mais quand nous cachons la pomme sous une butte, la peau reste tendre et élastique et ne se déchire point sous un afflux de sève. Par ce procédé facile, malgré des sécheresses excessives, dans les terrains sablonneux de Bois-de-Colombes comme dans les terres schisteuses de Saint-Hubert, nous avons réussi à obtenir des pommes très volumineuses et très régulières. Nous n'hésitons donc pas à le recommander.

On récolte les Choux-raves de la grande culture dans la première quinzaine d'octobre, et on les conserve ou en masse sur le terrain, comme on conserve les pommes de terre, ou en cave, ou mieux dans un cellier bien aéré et toujours moins chaud qu'une cave. Il va sans dire, qu'avant de les entasser ou de les rentrer, on supprime les feuilles pour les donner aux vaches.

Dans le cas où l'opération du repiquage éloignerait les cultivateurs de cette culture nouvelle, on pourrait leur conseiller de semer en lignes et à demeure, puis d'éclaircir en temps convenable; mais en procédant de la sorte, on n'aura jamais d'aussi beaux produits qu'en repiquant.

Il résulte de renseignements qui nous ont été fournis par une personne digne de foi, qu'à superficie égale, les Choux-raves rendent plus que les betteraves, que les vaches nourries avec le Chou-rave donnent un beurre d'excellente qualité, tandis que celles nourries avec la betterave donnent un beurre de très médiocre qualité. Nous laissons à nos lecteurs le soin de vérifier le degré d'exactitude de ces assertions qui nous paraissent très vraisemblables.

La culture potagère du Chou-rave ne diffère en rien de la culture en plein champ; on agit sur de petites surfaces au lieu d'agir sur de grandes; voilà tout. Mais pour ce qui regarde la récolte, il y a une distinction à établir. Quand on veut manger d'excellents Choux-raves, et on doit le vouloir toujours, il ne faut pas attendre que la pomme ait pris son développement complet, car à ce moment, elle a une saveur de Chou trop marquée pour les palais fins. Le mieux est de l'employer jeune, au tiers ou à moitié de son développement normal. Alors le Chou-rave est tendre, délicat et peut figurer sur les meilleures tables aussi dignement que le Chou-fleur. Pour l'avoir ainsi, il faut le cultiver chez soi et ne pas regarder de trop près au prix de revient. Vous ne trouverez à la halle que des Choux-raves dans toute leur grosseur; s'ils n'étaient qu'au tiers ou à demi développés, on ne les achèterait pas, et ceux qui les achètent dans l'état où on les vend n'ont pas peur d'une saveur accentuée.

Mais ne chicanons pas sur les goûts et admettons qu'on ne veuille consommer les Choux-raves qu'après la formation complète du renflement; on ne devra pas, même dans cette circonstance, les utiliser indistinctement. Il y aura un choix à faire parmi eux, et nous allons vous dire à quels signes on distingue les bons des médiocres. Les meilleures boules sont celles qui se sont développées le plus promptement, et l'on reconnaît qu'elles se sont développées très vîte aux caractères suivants : Elles sont bien arrondies ou aplaties en dessus; la peau en est fine; leur base est à peine ridée; les écailles ou yeux sont très espacés. Toutes les fois que les Choux-raves sont allongés, pointus aux deux extrémités, couverts de verrues et de rides, il faut s'en méfier, car dans cet état, ils sont en grande partie durs comme du bois et il devient impossible de les attaquer avec un couteau.

Pour préparer le Chou-rave à la cuisine, on commence par enlever les feuilles, s'il en reste, et par couper la tige au ras de la boule, avec le couperet. Après cela, on pèle cette boule et on la découpe par rondelles de l'épaisseur d'une pièce de cinq francs environ. Il ne reste plus qu'à les faire cuire à la manière des Choux-fleurs ou à les associer aux Choux ordinaires, aux navets et au lard pour la potée. Mais la préparation au blanc, comme les Choux-fleurs, surtout quand la pomme est jeune, est à conseiller principalement.

Nous avons fait avec le Chou-rave l'essai d'une culture potagère automnale; nous l'avons semé vers la fin d'août et repiqué vers la fin de septembre à demeure. Il a fort bien passé l'hiver, mais au printemps, beaucoup de plantes sont montées à fleurs et tous les renflements se sont *cordés* ou durcis et sont restés petits.

Troisième catégorie

Les Choux qui pomment, autrement dit les Choux pommés ou cabus, sont très nombreux et très intéressants
sous tous les rapports. On ne sait rien sur leur origine; on
s'est contenté d'avancer que leur multiplication dans les
Gaules date de la conquête de Jules César, mais le fait
n'est pas suffisamment démontré. On sait que les Romains
de toutes les conditions attachaient un grand prix aux
Choux, mais si nous avons bien lu Columelle, il nous
semble que le Cabus n'y est point mentionné et que dans
les conserves de Choux, on cherchait particulièrement à
maintenir intacte la couleur verte des feuilles. — « Quand
le Chou a six feuilles, a-t-il écrit, on doit le transplanter,
en observant toutefois d'enduire d'abord sa racine de fumier liquide, puis de l'envelopper de trois petites bandes
d'algue : cette pratique rend ce légume plus tendre à la
cuisson, et lui conserve sa *couleur verte* sans le secours
du nitre (*et viridem colorem sine nitro conservet*). Or, le
principal mérite des Cabus, à nos yeux, étant de nous
donner des feuilles étiolées, blanches ou jaunâtres, nous
sommes porté à croire que les Romains ne les connaissaient pas. Ceci d'ailleurs nous importe peu; l'essentiel
est que nous en ayons en abondance.

La classification des Choux pommés présente toutes
sortes de difficultés; aucune ne nous paraît satisfaisante.
S'il nous était permis d'en proposer une nouvelle, nous
diviserions d'abord nos espèces ou variétés : 1° en *Choux*

d'York; 2° Choux d'Allemagne; 3° Choux de Frise:
4° Choux de Milan ou de Savoie.

§ I. — CHOUX D'YORK

Sous cette dénomination générique, nous comprenons
tous les Choux cabus qui sont d'origine anglaise et qu'on
appelle Chou-pain de sucre, Chou cabbage, Chou d'York
nain, gros Chou d'York, petit Cœur de bœuf et gros Cœur
de bœuf. Nous leur adjoignons même le Chou Bacalan.
Ces diverses variétés possèdent en commun des caractères
bien tranchés qui ne permettent pas de les confondre avec
les Choux des autres catégories, même dans la pépinière,
lorsqu'ils sont tout jeunes. Les feuilles du Chou d'York
n'ont pas de pétiole ou queue; elles sont dressées, rapprochées contre la tige et vont en s'élargissant en forme
de spatule concave, et à l'exception de celles du Bacalan,
elles ne sont ni ondulées sur les bords, ni dentelées. Ces
mêmes feuilles sont lisses, glacées et d'un vert glauque
lavé de nuances sombres; les nervures ne font point saillie
et le plus souvent sont douces au toucher.

Chou pain de sucre ou tout simplement **Chou pain.**
— C'est le Chou d'York ordinaire de M. Vilmorin, et il le
décrit en ces termes : — « Pomme conique ou en ovale
renversé, assez petite, passablement serrée; feuilles de
couleur vert foncé un peu cendré et glacé, glauques à la
surface inférieure, capuchonnées, les extérieures (celles
qui ne contribuent pas à former la pomme) peu nombreuses, pliées dans le sens de la nervure médiane et ren-

versées en dehors, très lisses et sans cloqures, nervures douces, blanc verdâtre, pied un peu long ou haut. Précoce ».

Chou cabbage. — C'est le Chou d'York superfin hâtif de M. Vilmorin, mais il est beaucoup plus connu sous le nom de Cabbage que nous lui maintenons. On doit le considérer comme une sous-variété du précédent; il s'en distingue par une précocité de huit jours, par une pomme moins compacte, plus étroite et plus élevée.

Chou d'York nain. — Autre sous-variété du Pain de sucre à pied court et plus précoce encore que le Cabbage.

Gros Chou d'York. — Ce Chou est beaucoup plus gros que le Pain de sucre et sa pomme atteint des proportions remarquables. M. Vilmorin constate qu'elle est plus courte et plus renflée que celle du Chou pain. Plus renflée, c'est incontestable, mais plus courte, c'est ce que nous n'oserions affirmer d'après nos propres remarques. M. Vilmorin ajoute que les feuilles extérieures sont plus dressées, d'une étoffe plus ferme, moins habituellement pliées en deux et un peu moins lisses chez le gros Chou d'York que chez le Chou pain.

Petit Cœur de bœuf. — Dans cette variété de Chou d'York, la pomme n'est plus allongée; elle est ramassée et élargie à la base. Il est un peu plus tardif que le gros Chou d'York.

Gros Cœur de bœuf. — Il ne diffère du précédent que

par ses dimensions plus fortes, et aussi par ce qu'on le
récolte quelques jours plus tard.

Chou Bacalan. — On le connaît encore sous les noms
de Chou de Saint-Brieuc, Chou d'Angerville et Chou pommé
de Craon. La description qu'en donne M. Vilmorin est parfaite d'exactitude, et nous prenons la liberté de la reproduire : — « Pomme oblongue, ressemblant par la forme à
celle du Chou cœur de bœuf, mais moins pointue ; grosse
et serrée, pied haut ; feuilles amples, hautes, dressées,
ondulées sur les bords et un peu dentelées, d'un vert foncé
particulier, à nervures assez nombreuses, blanches et
douces comme dans le Chou d'York ; les feuilles extérieures assez nombreuses.

« Ce Chou rivalise pour la précocité avec le Cœur de
bœuf ; on en connaît deux races, l'une plus grosse, l'autre
plus petite, et qui ne diffère que par les dimensions. Il est
très estimé en Bretagne ».

Nous devons ajouter qu'il est très estimé aussi dans le
Midi de la France et que les marchés en sont largement
approvisionnés au mois de mai, comme nous avons pu
nous en convaincre à Toulouse.

§ II. — CHOUX D'ALLEMAGNE

Nous rangeons dans ce groupe les Choux de Winnigstadt, de Poméranie, de Fumel, Joanet, de Saint-Denis, de
Hollande à pied court, de Hollande tardif, de Vaugirard,
trapu de Brunswick, Quintal et Tête de mort. Nous les
appelons en général Choux d'Allemagne, parce que les
plus remarquables ont été tirés de ce pays.

2.

Chou pointu de Winnigstadt. — Nous ne connaissons
pas de Chou cabus blanc meilleur que celui-ci. Sa pomme,
régulièrement conique et ordinairement inclinée, est large
de la base, assez allongée, très lourde sous un volume
ordinaire, c'est-à-dire très serrée, ce qui revient à dire
que les côtes ou nervures des feuilles sont peu saillantes.
Or, c'est là une qualité qu'il faut rechercher dans tous les
Cabus. Dans les terrains riches et les climats frais, il se
forme à la base de la grosse pomme plusieurs pommes de
la grosseur d'un œuf de poule. Elles ne sont d'aucune
utilité pour le ménage, mais elles prouvent la vigueur de
la race et sa tendance à pommer. Cette tendance est telle,
en effet, qu'on peut compter sûrement sur la réussite
de tous les plants, avantage considérable que n'offrent
pas les autres Cabus blancs à feuilles lisses. Enfin, le
Chou de Winnigstadt arrive à la consommation en même
temps que les Cœurs de bœuf. Ce n'est donc pas une race
tardive.

Nous nous sommes livré à des essais nombreux et suivis
sur la culture des différents Choux, et le Chou de Winnigstadt est le seul de sa catégorie qui nous ait donné une
complète satisfaction, le seul Chou blanc que nous culti-
vions encore et dont nous encouragions fortement la culture autour de nous. On ne le rencontre pas sur les marchés
de Paris, et nous n'engageons pas les maraîchers de la
banlieue à en produire pour cette destination. On leur pré-
fèrerait les Cabus ronds d'un plus gros volume. Ceci ne
nous empêche pas de recommander vivement le Chou de
Winnigstadt à tous les fermiers et à tous les bourgeois qui
disposent d'un potager.

Chou conique de Poméranie. — Ce Chou est plus
tardif que le précédent. On l'estime beaucoup dans le Grand
duché de Luxembourg; sa pomme d'un vert gai, a la forme
d'un cornet renversé, d'environ 40 cent. de hauteur. Nous
n'avons obtenu de cette race que des résultats médiocres,
mais il ne faut pas la condamner pour cela. Ce n'est point
sa faute, après tout, si nous nous sommes laissé surprendre
par les chenilles. Une fois engagées dans le cornet en
question, il devient très difficile, pour ne pas dire impossible, de les déloger. La feuille du Chou de Poméranie est
si mince, si fragile, qu'elle se déchire au moindre contact
de la main. Nous l'avons abandonné à cause de ce défaut.

Chou de Fumel. — Cette variété a beaucoup de ressemblance avec le Chou Joanet, dont nous parlerons tout
à l'heure, mais sa pomme, assez large du haut, cède sous
la main, ne présente pas une résistance convenable, et ne
nous invite par conséquent pas à le recommander dans le
climat de Paris et plus au Nord. On le dit excellent pour
le Midi et précieux à raison de sa précocité. Sous ce rapport, nous n'avons pas qualité pour vous en entretenir,
attendu que nous l'avons cultivé comme Chou de seconde
saison, dans un climat rude qui ne nous permettait pas de
le semer à l'automne, en vue de le récolter de bonne heure
au printemps. Nous l'avons semé vers la fin de mars, pour
le consommer en été, et c'est ce qui explique le parallèle
que nous venons d'établir entre ce Chou et le Joanet ou
Nantais.

Il est rare d'entendre appeler le Chou de Fumel par son
véritable nom; on le nomme plus ordinairement *Chou*

femelle. M. Vilmorin nous apprend qu'il est très cultivé dans les environs d'Oran, sous le nom de *Jumilia di cacali di Chiavari.*

Chou Joanet ou **Chou Nantais, Chou Jaunet, Chou de Genille, Chou pommé d'Angers.** — Nous l'avons cultivé en Belgique, et voici ce que nous en savons par expérience. C'est une variété de Cabus qui pomme assez tôt et assez vite et n'a par conséquent pas à souffrir beaucoup de la voracité des chenilles. Sa tendance à tourner est merveilleuse; pas un plant n'avorte, et quand à la suite d'un accident, la tige se trouve rompue ou éborgnée, il y a multiplication de petites têtes en dessous. Un seul Chou Joanet a éprouvé chez nous l'accident dont il vient d'être question, et tout aussitôt des rejets se sont développés au-dessous de la plaie et nous ont donné *sept* petites pommes. Il est très précoce.

Le Chou Joanet n'a pas le volume du *Trapu de Brunswick* que d'aucuns appellent *Chou d'Alsace de seconde saison,* mais il est plus fin, plus précoce, et sa tête est aussi ferme qu'on peut le désirer pour la fabrication de la Choucroûte. Dans l'Ardenne Belge, qui est au moins de six semaines en retard sur le climat de Paris, nous l'avons, en 1856, récolté le 8 septembre. Les pommes du Chou Joanet sont irrégulièrement sphériques, et les nôtres mesuraient de 15 à 19 centimètres de diamètre. Ce n'est pas gros; cependant il n'y avait pas encore trop à se plaindre.

On assure que les hivers rigoureux et les pluies soutenues sont très nuisibles au Chou Joanet. Comme nous ne l'avons semé qu'au printemps, non à l'automne, ainsi que cela se pratique dans les contrées douces, nous n'avons pas eu l'occasion de nous plaindre des rigueurs de la saison.

Chou de Saint-Denis ou **d'Aubervilliers.** — C'est le Cabus à grosse pomme ronde un peu aplatie que l'on rencontre le plus communément sur les marchés de Paris, vers la fin de l'été et de l'automne. Sa pomme est très ferme, plus verte au sommet que dans les autres Cabus à pomme ronde, et un peu lavée de rouge pâle. C'est une race vigoureuse, à feuilles larges et abondantes, plus élevée sur pied que le Chou d'Alsace de seconde saison, pommant bien et excellent pour la Choucroûte. Nous avons cultivé le Chou de Saint-Denis dans la province de Luxembourg avec plus de succès que le Chou quintal, et les comparaisons que nous avons faites nous autorisent à croire que les Choux dits de Mersch, d'Arlon ou de Bastogne, avec lesquels les Luxembourgeois préparent leur Choucroûte, ne sont autre chose qu'un mélange de Choux de Saint-Denis et de Choux de Bourgogne très dégénérés.

Le *Chou de Bonneuil*, très prôné à Paris au siècle dernier, n'était, au rapport de M. Vilmorin qu'une sous-variété précoce du Chou de Saint-Denis, qui s'est tellement confondue avec le type qu'il n'est plus possible de l'en distinguer. Cependant, il est permis de croire que la race de Saint-Denis ou d'Aubervilliers d'aujourd'hui a plus emprunté de caractères au Chou de Bonneuil qu'il ne lui en a cédés. Vous pouvez en juger par les descriptions de De Combes. De son temps, c'est-à-dire dans la seconde moitié du xviiie siècle, le portrait du Chou de Saint-Denis était celui-ci : Pomme d'une belle grosseur, *un peu pointue,* ferme et blanche; tige fort élevée et jetant quantité de feuilles *d'un gros vert lisse.* A cette heure, le même Chou, d'après M. Vilmorin, a la tête ronde *un peu aplatie* et les feuilles *glauques,* c'est-à-dire d'un vert bleuâtre. La ressemblance, on le voit, n'y est déjà plus.

Pour ce qui est du Chou de Bonneuil, De Combes nous dit qu'il était très hâtif, à feuille grande, ronde et lisse, d'un gros vert *un peu ardoisé,* à tige basse, à pomme *un peu aplatie,* fort serrée et tendre.

Il est clair, d'après cela, que nous n'avons plus exactement le Chou de Saint-Denis et le Chou de Bonneuil de nos pères, qu'il y a eu croisement et que nous n'avons plus affaire qu'à un métis. Cependant, il y aurait peut être moyen de refaire le Chou de Bonneuil, en semant les premières graines mûres de notre Chou d'Aubervilliers, puis les premières graines mûres provenant de plantes de ce semis, et ainsi de suite pendant un certain nombre d'années, et mieux encore en ne semant les graines en question qu'après les avoir laissé vieillir en sac pendant deux ou trois ans. C'est là, au reste, l'affaire de la physiologie végétale, un peu doublée de hasard.

Chou de Hollande à pied court. — Pour la forme, la pomme de ce Chou ressemble tout à fait à celle du Chou de Saint-Denis, mais elle est moins volumineuse et d'un vert plus faible et plus sombre. La tige qui la porte est assez courte; les feuilles sont en petit nombre; la maturité est plus hâtive.

Chou de Hollande tardif. — C'est le *Chou Cauve* ou

gros Cabus de Hollande. Pomme de la grosseur et à peu près de la forme de celle du Chou de Saint-Denis, avec

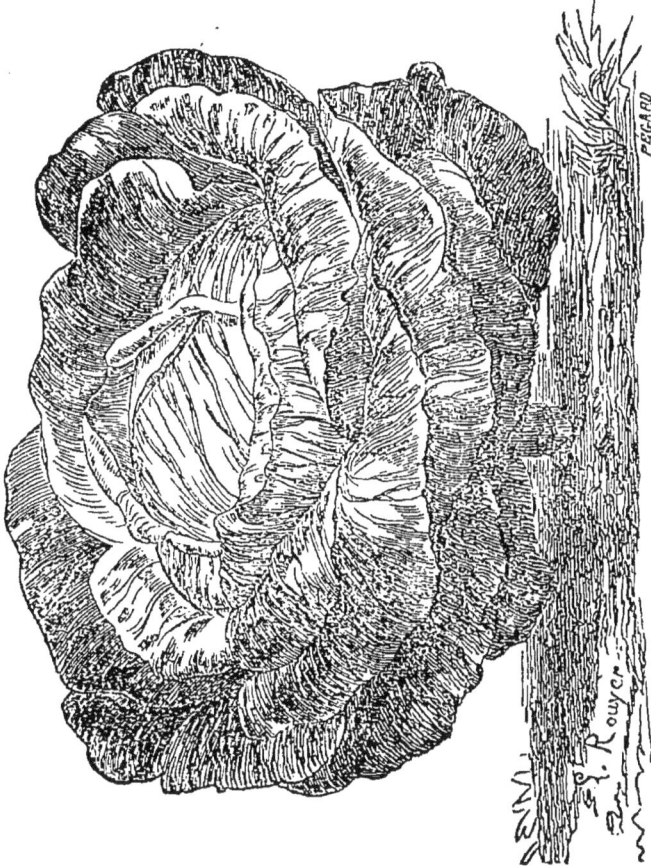

Grav. 3. — Chou d'Allemagne.

des taches brunes au-dessus, larges feuilles pâles, largement cloquées, tige élevée, maturité tardive. C'est bien là le Chou que nous avons vu cultiver souvent en Belgique sous le nom de *Chou d'Allemagne* (grav. 3), et qui nous a paru un peu trop sujet à pourrir.

Chou de Vaugirard. — Le portrait qu'en donne M. Vilmorin est d'une ressemblance frappante; le voici : — « Pomme ronde, déprimée en dessus, bien ferme et serrée, colorée de rouge brun; feuilles extérieures assez nombreuses, à nervures grosses, peu cloquées, d'un vert particulier, assez intense; pied court. » On peut ajouter que la pomme n'est pas forte ordinairement, mais qu'elle est d'excellente qualité. On cultive cette race pour l'hiver; l'essentiel est donc de la semer tard, vers la fin de mai ou en juin, par exemple, de façon que sa pomme ne soit formée qu'à l'arrière saison. Si la pomme se formait trop tôt, elle résisterait moins à la mauvaise saison.

Chou trapu de Brunswick. — M. Vilmorin n'en parle pas dans sa *Description des plantes potagères*, mais nous retrouvons dans son Chou d'*Alsace seconde saison* un signalement qui se rapporte au Chou de Brunswick : Pomme aplatie, grosse, serrée, quelquefois légèrement colorée de brun sur le dessus; feuilles extérieures nombreuses, arrondies, assez courtes et dépassant peu la pomme. C'est bien cela; seulement le Chou d'Alsace, dont on nous entretient a le pied très haut, tandis que celui de notre Trapu de Brunswick est très court. Cette différence ne proviendrait-elle pas de ce qu'on sème le premier en août dans notre climat, tandis qu'on sème le second au printemps dans le Nord?

Chou Quintal ou de **Strasbourg** ou d'**Aurillac**. —
C'est le plus gros de tous les choux; sa pomme est sphérique, quelquefois un peu déprimée, volumineuse et ferme;
ses feuilles sont très amples, d'un vert pâle et sombre, et
chargées de nombreuses nervures en saillie; son pied n'est
pas très court. Les auteurs du siècle dernier, et d'autres
après eux, ont avancé qu'on avait vu des pommes de ce
Chou pesant de 40 à 50 kilogr. On nous permettra de ne pas
nous arrêter à cette fable; ceux qui l'on inventée n'avaient
jamais pesé de Choux, autrement ils auraient su que la
plupart des Choux dont nous admirons le volume ne pèsent
pas toujours 5 kilogr., et que ceux de 6 et 7 kilogr. sont
des raretés à citer.

Le Chou Quintal est le Chou fourrager et à choucroûte
des Alsaciens. Il est très tardif.

Chou tête de mort. — Nous ne connaissons pas cette
race; nous ne la citons que parce qu'elle a été décrite par
M. Vilmorin dans les termes suivants : — « Pomme de
grosseur moyenne, ronde, très blonde et unie, très régulière, très serrée; feuilles extérieures petites, un peu
allongées, unies, à nervures blanches, rappelant celles du
Cœur de bœuf; pied bas; de la saison du Bacalan. Excellente race ».

§ III. — CHOUX DE FRISE

Nous nommons ainsi la tribu des Choux pommés rouges,
parce que dans la Frise, on excelle dans leur culture,
et que le plus beau Chou rouge est appelé gros Chou

3

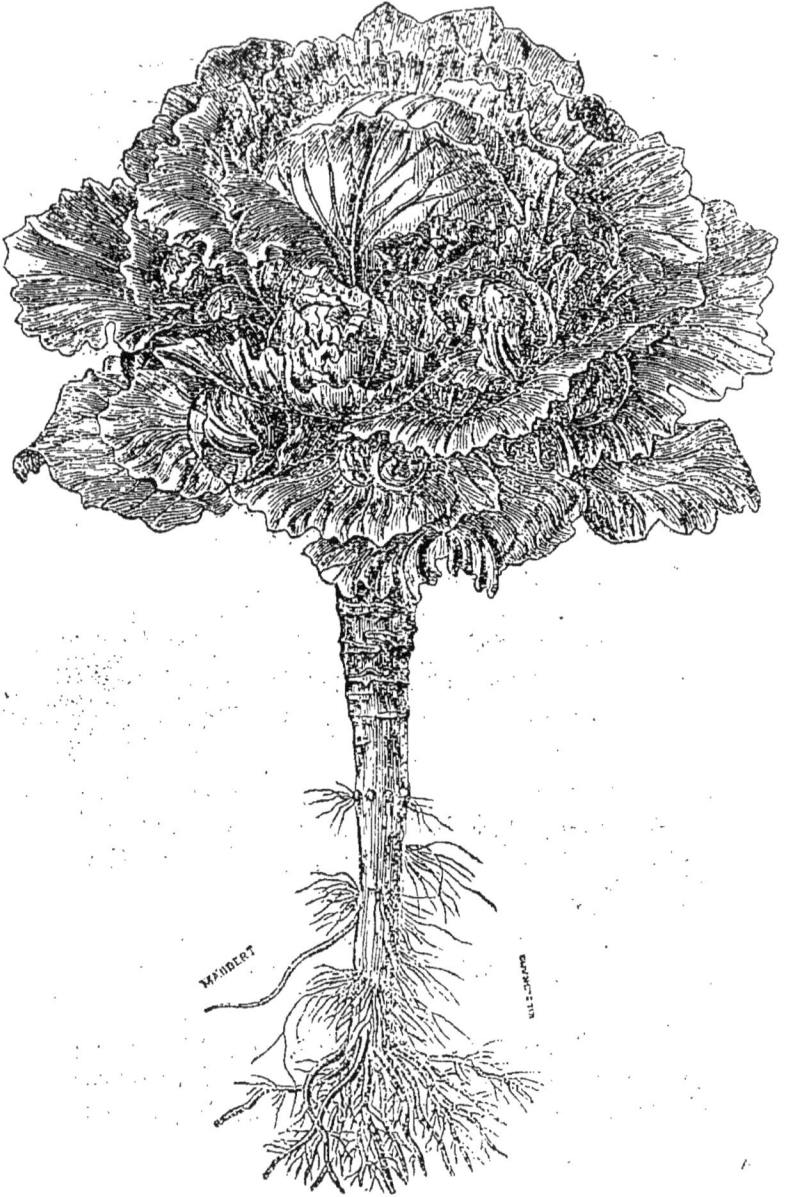

Grav. 4. — Chou rouge hâtif d'Erfurth.

rouge de Frise. Cette tribu comprend : le Polonais, le gros Chou rouge de Frise et sa sous-variété hâtive d'Erfurth (grav. 4), le Chou marbré d'Alost et la Tête de nègre ou Chou d'Utrecht.

Chou rouge polonais. — C'est un gros Cabus à pomme déprimée et d'un rouge très foncé.

Chou rouge de Frise. — Celui-ci a la pomme sphérique et d'un rouge vif ou même foncé comme le Polonais. Ses feuilles étalées ou extérieures sont d'un rouge lavé de vert et très développées. Pour ce qui est de sa tige, elle a le plus ordinairement de 20 à 30 centimètres, mais dans certains cas, il lui arrive de prendre des proportions colossales. A ce propos, permettez-nous une digression sous forme d'anecdote : — Le 24 juillet 1856, nous exposâmes à Verviers une collection de légumes variés, cultivés en pleine terre, sans abris d'aucune sorte, et pour ainsi dire sans le secours de l'eau, puisqu'elle nous manquait juste à l'époque où nous en avions le plus grand besoin et que nous étions réduit à en faire brouetter chaque année une vingtaine d'hectolitres au plus, pour soutenir la vie des plantes qui en avaient absolument besoin. C'est vous dire assez que nous n'étions pas en mesure de lancer la végétation au galop, que nous faisions de la culture à la portée de tout le monde, que le premier venu pouvait obtenir ce que nous obtenions, avec de l'engrais bien consumé, du purin, des sarclages soignés et des binages de temps en temps. Parmi nos légumes exposés, les amateurs de jardinage remarquèrent surtout trois Choux rouges mon-

strueux, mesurant plus de un mètre cinquante centimètres
de hauteur. La force de la tige et le développement des
feuilles étaient à l'avenant. On aurait pu croire que de
pareils Choux étaient incapables de donner des têtes;
mais il suffisait d'y porter la main pour reconnaître que
les pommes marquaient déjà très bien et n'étaient pas
disposées à s'arrêter en route. Au mois de septembre suivant, et dans la première semaine de ce mois, on aurait
pu voir leurs pareils dans notre potager et constater que
leurs pommes, parfaitement sphériques, avaient de 30 à
32 centimètres de diamètre. Les plus petites n'avaient
guère moins de 20 centimètres.

On crut à Verviers que nos Choux rouges étaient d'une
race nouvelle; on le crut également à Saint-Hubert où on
les baptisa du nom caractéristique de *Choux peupliers*,
et c'était à qui nous demanderait de la graine de cette pré-
tendue race, comme on demande une faveur. Nous sou-
tînmes naturellement que la hauteur des tiges ne consti-
tuait pas un caractère de variété et nous donnâmes aux
jurés de l'exposition les explications que voici : — Deux
des Choux qui vous étonnent proviennent de la graine du
Chou rouge ordinaire de Frise; le troisième, le moins
rouge, celui qui a les feuilles cloquées, la couleur vert
pâle fouetté de rose, la pomme un peu allongée comme
celle des Choux d'York, provient de graines achetées chez
un jardinier d'Alost, et nous paraît être un hybride du
Cabus blanc à tête allongée et du Cabus rouge à pomme
sphérique. Ces deux sortes de graines ont été semées le
jeudi 2 août 1855, sur couche froide, quinze jours ou même
trois semaines plus tôt qu'il ne convenait de le faire, car

les plants se développèrent avec une telle vigueur que, sans
la sécheresse et le vent de bise qui régnèrent pendant tout
le mois de septembre, nos jeunes Choux, repiqués au bout
de six semaines, se seraient emportés hors des bornes,
dans l'arrière-saison, et n'auraient pu résister à l'hiver.
Ils ne s'emportèrent que trop déjà dans le courant d'octobre, et quand vinrent les coups de vent et les neiges, les
tiges se tordirent et se couchèrent sur le sol. Mais avant
cet accident, et dans la prévision que nous ne lui échappe-
rions pas, nous avions eu soin d'enlever de la pépinière
les plants les plus forts et de les repiquer à demeure, afin
d'en arrêter la pousse par ce second repiquage, et aussi
à titre d'essai. Nous les avions enterrés profondément,
arrosés avec un mélange d'urine de vache et d'eau, pour
faciliter la reprise et buttés ensuite jusqu'aux premières
feuilles. À la sortie de l'hiver, nous plantâmes des rameaux
de genêts parmi toutes les lignes de jeunes Choux, afin d'y
jeter de l'ombre à la suite des gelées tardives. Aussitôt
que les gelées ne furent plus à craindre, nous enlevâmes
les genêts et fîmes la visite des plants. La moitié de ceux
qui avaient été repiqués à demeure, c'est-à-dire pour ne
plus bouger de place, étaient coupés au pied par les campagnols; les deux tiers de ceux de la pépinière avaient la
tige pourrie au-dessus de terre. Le tiers restant nous servit
à remplacer les pieds détruits dans les planches d'automne
et à faire de nouveaux repiquages. Les campagnols conti-
nuèrent leurs ravages; nous continuâmes, de notre côté,
de remplacer les plants rongés qui, toujours, étaient les
plus beaux; en sorte que nous serions bien en peine de
dire combien il nous resta de plants sur les deux cents

Choux mis à demeure avant l'hiver; vraisemblablement, il n'en resta pas une douzaine. Ainsi, la taille gigantesque de nos Choux rouges, au nombre de plusieurs douzaines, n'a pu être le résultat de la plantation automnale, pas plus que le résultat d'une graine particulière, puisque les plants sortis de la même pépinière, ont donné, ici des géants, là des Choux rouges très ordinaires quant à la hauteur des tiges. Nous attribuons donc tout bonnement l'exubérance de végétation des premiers à la grosseur des plants, au sortir de la pépinière, au terreau de couches dans lequel ils furent plantés, aux cinq ou six arrosements à l'urine de vache coupée d'eau, qu'ils reçurent en temps de sécheresse, et enfin aux fréquents sarclages, binages et buttages.

Ces explications suffisent pour démontrer que le plus ou moins de hauteur des tiges n'est point un caractère solide et qu'il ne faut pas trop s'y fier dans la détermination des variétés.

Chou marbré d'Alost. — C'est une sous-variété du précédent, à grosse pomme rouge, mais à feuilles extérieures pâles, cendrées et veinées d'un rose vif.

Petit Chou rouge ou **Tête de nègre,** ou **Chou d'Utrecht.** — Cette variété, quoique préférable au gros Chou rouge pour l'emploi qu'on en fait, est rarement cultivée pour le marché. On trouve ses têtes trop petites, et on lui adresse le reproche mérité de pommer rarement comme il faut. Habituellement, sa tige est plus élevée que celle du gros Chou rouge de Frise; sa tête est bien ronde, duré comme de la pierre, d'apparence fleurie comme les prunes mûres, et très fine.

§ IV. — CHOUX DE MILAN OU DE SAVOIE

Cette quatrième subdivision des Choux cabus comprend les races à feuilles très cloquées ou frisées, d'un vert ordinairement gai. L'intérieur de leurs pommes est d'un jaune pâle agréable, tandis que l'intérieur des pommes de Choux d'Allemagne ou Choux blancs, est d'un blanc équivoque. Les Choux de Milan ont la fleur à peu près blanche, tandis que celle des Choux d'Allemagne est jaunâtre. Ce groupe intéressant renferme un très grand nombre de races, parmi lesquelles nous citerons : le Chou de Milan ordinaire, le Chou Marcellin ou Milan nain, le Chou de Milan d'Ulm, le Pancalier de Touraine, le Milan des Vertus, le Chou de Milan doré, le Chou de Milan à tête longue et le Chou de Bruxelles. On pourrait allonger cette liste avec des sous-variétés qui figurent sur les catalogues des grainiers, mais nous ne les trouvons pas suffisamment fixes et caractérisées, et nous pensons que l'on nous saura gré de nous en tenir aux races principales. Les descriptions qu'en a données De Combes, au siècle passé, sont encore très exactes.

Chou de Milan ordinaire. — C'est le petit Chou de Milan de nos pères; il a été signalé en ces termes par De Combes : tige basse, feuille très frisée, et d'un beau vert qui ne change point; pomme dure et de moyenne grosseur, crevant aisément, mais par contre fort tendre et fort bonne. — Nous n'avons rien à changer à ce signalement.

Chou Marcellin ou **Milan nain.** — C'est le *Chou court hâtif* de M. Vilmorin, vraisemblablement le *Chou frisé court* des anciens jardiniers de Paris, et peut-être bien aussi celui qu'on nomme en Belgique *Savoyard de Malines*. Il est bas sur tige; sa feuille est très bullée et d'un vert bleuâtre; sa pomme, de moyenne grosseur, est très serrée et d'une maturité hâtive.

Chou de Milan d'Ulm. — Ce Chou, que nous croyons connaître parfaitement, nous rappelle celui qu'on nommait autrefois *petit Chou nain frisé*. Si ce n'est pas le même sous un autre nom, c'en est pour le moins une sous-variété bien voisine. Ses feuilles d'un beau vert, à cloqûres nombreuses et très marquées, forment de bonne heure une petite pomme ronde et dure, fort estimée. Elle est d'habitude formée quarante jours après le repiquage.

Pancalier de Touraine. — Pied court; feuilles abondantes, d'un vert foncé, très frisées; nervures grosses mais tendres; pomme lâche, petite, longue à se former; un des plus rustiques parmi les Choux de Milan et passant bien l'hiver.

Milan des Vertus. — C'est la grosse variété ou si l'on veut la grosse espèce du groupe des Cabus à feuilles cloquées, très cultivée dans la plaine des Vertus (grav. 5), entre Paris et Saint-Denis. Il y a un siècle, on le nommait *Chou de Milan à grosse tête* ou *gros Chou de Milan* tout simplement. Le portrait qu'en a fait De Combes s'applique bien à notre Chou des Vertus; voyez plutôt : « feuille d'un

gros, *sont* frisée grossièrement; sa tige est élevée, et il joue
une quantité de feuilles; sa pomme est plus grosse du

Grav. 5. — Chou de Milan des Vertus.

double de celle du petit Chou de Milan et d'un vert à
fort serrée, mais moins délicate à manger; par contre, c'est

un des Choux qui résistent le plus aux mauvais temps; il faut le destiner particulièrement pour l'hiver, d'autant plus que la gelée l'attendrit. »

Chou de Milan doré. — Variété fort jolie, à feuilles extérieures d'un vert blond, peu cloquées et à pomme ronde et lâche, d'un jaune clair appétissant. Il est signalé comme très tendre; mais l'expérience que nous en avons faite nous laisse quelques doutes sur ce point. Peut-être, devons-nous nous en prendre au manque d'eau, car, en même temps que nous le supprimions de notre potager de Saint-Hubert, nos voisins du Pénitencier qui opéraient sur un terrain frais et pouvaient arroser copieusement au besoin, tenaient ce Chou de Milan doré en haute estime.

Chou de Milan à tête longue. — C'est celui de tous les Milans ou Savoyards, dont la culture nous a donné le plus de satisfaction dans l'Ardenne Belge. Les jardiniers du temps passé le connaissaient aussi bien que nous; on peut en juger par le signalement que nous a laissé De Combes. « C'est, dit-il, le Frisé pointu, nommé autrement la *Tête longue;* sa feuille est d'un beau vert, extrêmement cloquetée et fort allongée, assez bas de tige, et de médiocre grosseur. Sa pomme est formée comme un œuf, jaune, tendre et d'un goût parfait; mais elle n'est pas bien serrée. Il est délicat à la gelée; il faut beaucoup d'attention pour le conserver en hiver. »

Chou de Bruxelles. — Cette race, fortement caractérisée, et essentiellement distincte de tous les autres Choux de Milan, porte encore les noms de *Chou à jets*, de *Chou à rosettes* et de *Spruyt* ou plutôt *Sproute*, pour nous rapprocher de la prononciation flamande. Sa tige, aux points d'insertion des feuilles, se couvre de petites pommes de la grosseur d'une noix (grav. 6) ; et ce n'est pas seulement à l'aisselle des feuilles inférieures que naissent ces petites pommes, ainsi que le rapporte la *Description des plantes potagères* de M. Vilmorin, c'est à l'aisselle de toutes les feuilles, même parmi celles de la cime. Quand le Chou de Bruxelles a été semé, et repiqué en temps convenable, ses pommes deviennent très dures; mais quand il provient de graines suspectes et qu'il a été l'objet d'une culture mal entendue, les feuilles de la rosette ne tournent pas, ou bien, s'il y a exubérance de vie, les pommes deviennent plus grosses que de coutume et restent flasques.

Le Chou de Bruxelles provient certainement du Chou de Milan, et il n'est pas rare dans le semis et les plantations de rencontrer des pieds qui retournent au type, et dont la cime ressemble parfaitement aux Choux de Milan qui n'ont pu former leur pomme. En fendant les petites têtes du Chou de Bruxelles, on remarque aussi que leur intérieur est de la même nuance que l'intérieur des Choux de Milan.

CULTURE ET RÉCOLTE DES CHOUX POMMÉS. — Les Choux de la troisième catégorie, quel que soit le groupe auquel ils appartiennent, se cultivent à peu près de la même manière. Il n'y a d'exception sérieuse que pour le Chou de Bruxelles.

Cette fois, comme toujours, la bonne fin dépend du bon commencement, et ce bon commencement, c'est la graine

Grav. 6. — Chou de Bruxelles.

de qualité irréprochable; et, pour l'avoir telle, il faut ou
s'adresser à des marchands grainiers de premier ordre,
ou la faire soi-même, ce qui vaut encore mieux. Or,
il n'est pas plus difficile de faire de la graine de Choux
cabus que de la graine de Choux qui ne pomment pas.
L'essentiel est de marquer au moyen de baguettes ou autrement les pieds de race pure qui portent les pommes les
mieux conformées, afin de les reconnaître quand ces
pommes auront été coupées et livrées à la consommation.
Cette précaution prise, on s'arrangera de manière à conserver ces pieds de Choux pendant l'hiver, soit par des
abris et sur place, soit en les arrachant pour les placer, les
racines dans la terre, sous un hangar ou dans un cellier.
Lorsqu'on les abritera sur place, c'est-à-dire au jardin,
sans les arracher, on aura soin de leur donner de l'air et
du jour toutes les fois que la température le permettra,
sans quoi, on les exposerait à pourrir.

Au printemps, les pieds conservés seront transplantés
dans des trous avec une bonne fumure, composée d'un
mélange de terre meuble et de vieux fumier de ferme, et
l'on arrosera pour précipiter la reprise. Il n'est pas inutile
d'ajouter qu'il serait imprudent de rapprocher des porte-
graines de variétés distinctes. Il y aurait croisement. Ne
cultivât-on que deux variétés de porte-graines dans un
potager d'un hectare, on aurait de la peine à éviter le croisement, alors même qu'on les mettrait aux deux extrémités. Les abeilles se chargent de rapprocher les distances.

Nous connaissons de vieux praticiens et quantité d'excellentes ménagères qui pensent que les pieds de Choux, avec
leurs têtes, donnent une meilleure graine que ces mêmes

pieds dont on a récolté les pommes. Cette opinion n'a rien
de déraisonnable; au contraire, elle nous paraît en parfait
accord avec les lois de la physiologie, et nous sommes
tenté de croire avec eux que la tige florale qui sortirait de
la pomme, donnerait une semence parfaite; mais il est si
difficile de conserver un pied de Chou avec sa pomme de
feuilles pendant tout un hiver, que ce procédé, bon en
principe, ne saurait être réellement recommandé dans la
pratique. On coupera donc les pommes en question, mais
le plus tard possible, en automne, afin de ne pas provo-
quer l'émission de rejets qui fatigueraient la tige en pure
perte.

Quant à l'entretien des porte-graines, à partir du printemps, c'est-à-dire du moment où les rameaux floraux
commencent à pousser, on s'y prendra comme avec les
porte-graines de Choux fourragers, dont il a été question
précédemment. Sarcler, biner de temps en temps, arroser
en temps de sécheresse prolongée, et surtout à l'époque de
la floraison, accoler les principales tiges à des tuteurs
pour empêcher les coups de vent de les rompre, supprimer
par le pincement les fleurs des petits rameaux, ne conserver
que celles des branches principales, pincer le bout de ces
branches au moment où se forment les premières siliques,
afin de concentrer la sève sur celles-ci, ne conserver de siliques que sur les principales branches, s'opposer à la gre-
naison des rameaux secondaires, laisser mûrir les graines
sur pied jusqu'à ce que les siliques s'ouvrent, surveiller
de près les petits oiseaux afin de prévenir leurs dégâts,
récolter la semence par la rosée, l'étendre sur un drap au
soleil pendant une heure ou deux, achever la dessiccation

sous un hangar ou au grenier; voilà ce qui est à faire, et assurément cette besogne n'est ni lourde ni difficile.

Pour ce qui concerne les porte-graines de Choux de Bruxelles, on se rappellera qu'il faut couper la tige aux deux tiers environ de sa hauteur et récolter la semence sur les branches latérales de la partie moyenne, branches qui sortiront des rosettes. S'il est tout naturel de prendre la graine des branches supérieures pour obtenir de grosses pommes, il est tout naturel aussi pour avoir de petites pommes, de la prendre sur les rameaux que produisent les petites pommes en question.

Pendant longtemps, nos jardiniers français ont traité leurs semenceaux de Choux de Bruxelles, comme ils avaient l'habitude de traiter leurs semenceaux de Choux d'Aubervilliers ou, de Choux de Milan des Vertus. Il en résultait que leur graine reproduisait très imparfaitement le type, et qu'il fallait chaque année se réapprovisionner à Bruxelles ou à Malines. Aujourd'hui, nous nous en dispensons très bien, ce qui n'empêche pas nos voisins du Nord de n'en rien croire et d'écrire que la France est tributaire de la Belgique pour le Chou de Bruxelles, et qu'elle le sera éternellement. Ceci est tout bonnement une erreur.

Supposons maintenant que nous soyons en possession de notre graine de Choux. Nous devrons nous rappeler qu'on la sème à deux époques de l'année : dans le courant d'août pour repiquer en septembre ou en octobre; ou bien au commencement et à la fin du printemps, selon les races, pour repiquer six ou sept semaines après la levée.

Ainsi, nous sèmerons en août toutes les races qui peuvent traverser l'hiver et auxquelles nous demandons des

produits précoces. Nous sèmerons aussi à la même époque
des races rustiques de seconde saison et tardives qui
donnent des pommes d'autant plus fortes qu'on les sème
plus tôt.

Nous réserverons pour les semis du premier printemps,
les races sensibles au froid et à la neige, et même des
Choux de seconde saison et des Choux tardifs pour remplacer ceux qu'un hiver exceptionnel aurait détruits. Nous
réserverons pour les semis de mai et même de juin, les
Choux que nous destinons principalement à la consommation de l'hiver et qui ne doivent pommer qu'à l'arrière-
saison.

Tous les *Choux d'York* peuvent être semés en août et
repiqués avant l'hiver. Dans ces conditions, ils produisent
plus tôt nécessairement et donnent de plus belles pommes
que ceux des semis de printemps.

Les *Choux d'Allemagne* sont moins rustiques que ceux
de la catégorie précédente, et nous l'avons appris en pra-
tiquant. On fera bien de s'en tenir pour les semis d'arrière-
saison, aux Choux de Brunswick, de Winnigstadt et de
Saint-Denis, et de réserver les autres pour le printemps.
Toutefois, on voudra bien noter qu'il n'y a pas grand inconvénient à risquer en hiver un certain nombre d'exemplaires
de toutes les races d'Allemagne. S'ils traversent victorieu-
sement les temps rigoureux, on récoltera de plus belles
pommes; s'ils périssent sous la neige ou autrement, la
perte ne sera pas grande et on s'en consolera en ressemant
ces mêmes races au printemps.

Les *Choux de Frise* ou Choux rouges traversent très
bien les hivers les plus rudes, ce dont ne paraissent pas se

douter les jardiniers de Paris. On les sèmera donc en toute sécurité dans la seconde quinzaine d'août.

Les *Choux de Milan* ou *de Savoie* sont, pour la plupart, assez rustiques aussi, à l'exception du Milan doré.

Pour ce qui regarde, dans nos diverses catégories, les Choux destinés à la consommation de l'hiver, comme Chou de Vaugirard et Chou de Bruxelles, il est évident qu'on ne les sème jamais avant l'hiver; on attend la fin du printemps, c'est-à-dire la seconde quinzaine de mai ou même la première quinzaine de juin.

Supposons que nous ayons affaire à des semis du mois d'août. Nous répandons séparément la graine de nos diverses races sur les plates-bandes du jardin, dans un sol assez riche en vieux fumier, et nous les enterrons avec le râteau de bois. Après cela, si la sécheresse est forte, nous arrosons avec l'arrosoir à pomme, tous les matins, pour favoriser la levée.

Une fois les plants levés, nous continuons les arrosements, afin qu'ils se développent en toute hâte, et au fur et à mesure de leur croissance nous les éclaircissons et enlevons les mauvaises herbes. Vers la fin de septembre et quelquefois plus tôt, les jeunes Choux sont bons à repiquer. Pour cette opération, on choisit une ou plusieurs planches du jardin, on y enfouit du vieux fumier de ferme et l'on divise les planches en lignes distancées de 10 à 12 centimètres, et sur ces lignes, on repique les Choux à 7 ou 8 centimètres l'un de l'autre. On a soin de ne pas recourber les racines et de les enterrer jusqu'au collet. Après cela, on presse fortement la terre avec les deux mains autour de chaque pied. Autant que possible, on ne

fait le repiquage que par un temps couvert ou pluvieux.
Si, cependant, le temps se maintenait au beau fixe, on ne
devrait pas attendre indéfiniment pour la transplantation,
on la ferait le soir au soleil couchant : on arroserait chaque
pied avec le goulot de l'arrosoir et l'on abriterait la pépinière pendant trois ou quatre jours avec des paillassons,
dans le but de la préserver des rayons brûlants du soleil.
Mais il est bien rare que l'on soit forcé de recourir à cette
précaution.

Le repiquage que nous venons d'indiquer est le repiquage provisoire en pépinière; on peut aussi repiquer de
suite à demeure ou en place, en laissant entre les Choux
des distances qui varient de 50 à 80 centimètres, selon le
développement des variétés.

Le repiquage terminé, il n'y a plus à s'occuper des Choux
qu'en cas de température exceptionnelle. D'aucuns cependant, à l'approche des grands froids, se donnent la peine
de les abriter avec des rameaux de genêts ou d'arbres verts,
fichés en terre entre les lignes, mais c'est fort inutile si
nous en jugeons par notre propre expérience. Les Choux
ne sont pas aussi sensibles à la gelée et à la neige qu'on le
suppose. Les hivers rudes leur sont moins défavorables que
les hivers doux. Sous nos climats tempérés, par exemple,
lorsque la température de la fin d'automne est douce et
que la végétation se poursuit, les jardiniers surveillent de
près leurs pépinières de Choux et sont obligés parfois de
les relever, c'est-à-dire de les arracher avec un morceau
de bois pointu, de façon à ne pas offenser les racines, de
les laisser se faner un peu sur la terre et de les remettre
ensuite à leur place dans la pépinière. Sans cette opération

qui a pour but de suspendre un moment la vie active de la plante, la plupart des Choux s'emporteraient en tige et seraient compromis ou perdus.

Les pépinières de jeunes Choux, faites à l'automne, ne demandent guère de soins particuliers qu'à la sortie de l'hiver, alors que les journées chaudes succèdent aux nuits froides et que l'ardeur du soleil fait suite à la rigueur des gelées tardives. Mais, après tout, ces soins n'offrent aucune difficulté. Ce serait le cas de planter des genêts ou des rameaux d'épicéa pour jeter de l'ombre sur la pépinière et empêcher les rayons du soleil de tomber directement sur les plantes gelées. Si vous avez de ces rameaux à votre disposition, servez-vous-en; si vous n'en avez pas, prenez de la paille légère et éparpillez-en sur vos Choux à l'heure où le soleil se lève. Vous les sauverez parfaitement par ce moyen et vous aurez ainsi, sans frais et sans peine, pour ainsi dire, des plants robustes et d'une belle venue, que vous mettrez en place au mois de février, de mars ou d'avril, selon les climats et la température, et qui prospéreront d'autant mieux qu'ils seront déjà acclimatés, et que la transplantation aura été faite aussitôt après l'arrachage.

Les maraîchers de Paris transplantent les Choux d'York à demeure, avant l'hiver, sur des planches de 2 mètres 33 centimètres de largeur. Ils mettent les plus petits Choux d'York hâtifs à 33 centimètres l'un de l'autre, en échiquier, les moyens à 48 centimètres, les plus gros à 65 centimètres.

Au printemps, ils sèment le trapu de Brunswick et le repiquent à demeure à la distance de 65 centimètres. Vers la fin de juin, ils sèment les petits Choux de Milan, pour les repiquer à la fin de juillet.

Ils repiquent les Choux de Bruxelles en lignes distantes de 48 centimètres et à 64 centimètres l'un de l'autre sur les lignes.

Le gros Chou rouge et le Chou Quintal exigent plus d'écartement. Nous conseillons de 70 à 80 centimètres.

Un excellent moyen de cultiver beaucoup de Choux, sans perdre beaucoup de place, c'est de les repiquer au bord des allées ou des sentiers des planches occupées par d'autres légumes.

Tous les Choux cabus, à quelque groupe qu'ils appartiennent, profitent beaucoup des sarclages et des binages fréquents; on devra donc ne point les leur épargner. Tous également gagneront à être buttés.

Les plantations faites avec des Choux d'automne ont, il faut le dire tout de suite, un inconvénient que ne présentent pas les plantations faites avec des Choux semés au printemps : un certain nombre de pieds s'emportent et se mettent rapidement à fleur. On dit alors que le plant *file*. Si, parfois, il n'en file guère, d'autrefois, il en file beaucoup trop. On doit arracher bien vite les pieds qui annoncent cette fâcheuse disposition, remuer la terre d'un coup de bêche à la place qu'ils occupaient, et remplacer par du plant de pépinière. Cette propension à s'emporter vient ou de la mauvaise qualité de la graine ou du malaise que les plantes ont essuyé en hiver. Toute plante bisannuelle qui a souffert par une cause quelconque au début de sa végétation et qui ne se sent point la force de parcourir sa carrière jusqu'au bout, se hâte, pour ainsi dire instinctivement, de se reproduire avant de succomber. Les sujets chétifs issus de graines défectueuses, les plants dont le pivot a été recourbé au repiquage, ceux qui ont été soulevés au moment des gels et dégels successifs, ceux enfin qui ont pâti fortement sous l'influence d'autres causes que nous ne soupçonnons pas toujours, sont nécessairement dans ce cas.

Pendant le cours de la végétation, les Choux sont exposés aux ravages de différents insectes auxquels nous consacrerons un chapitre spécial à la fin de ce travail. Ce sont d'abord les altises ou puces de terre qui attaquent en pépinière les semis de printemps, surtout quand la pépinière est en terrain découvert. Près d'un mur ou d'une haie, elles sont moins à craindre, nous ne savons pourquoi. Au moment des semis d'août, ces altises ont disparu, et nous n'avons plus à compter avec elles, mais en retour, le plant est exposé aux attaques d'une larve qui détermine des excroissances au collet. On dit alors que les Choux ont le *boulet*. Avant de repiquer les Choux *bouletés*, on déchire les excroissances avec les ongles, avec les dents, ou on les enlève avec un couteau, ainsi que les petits vers ou larves qui y sont logés. Après le repiquage à demeure, principalement lorsqu'il a été mal exécuté et que la reprise a été pénible, d'autres larves, telles que vers gris, larves d'élatérides et de hannetons, coupent le collet des Choux ou la racine près du collet. Ils pâlissent alors, et se fanent tout d'un coup, au moment où l'on s'y attend le moins. Plus tard encore, les chenilles arrivent, ordinairement à l'époque où les Choux de seconde saison commencent à former leurs pommes, et il convient d'écheniller pour sauver les plantes, surtout quand on n'a pas eu la précaution de détruire avant leur éclosion, les plaques d'œufs jaunâtres que les papillons déposent d'habitude au revers des principales feuilles. Enfin, dans les années de longues sécheresses, il n'est pas rare de voir des pucerons d'un gris bleuâtre attaquer les feuilles de Choux, surtout celles du Chou de Bruxelles et gêner la circulation de la sève au point d'amener un dépérissement rapide. Nous dirons, dans le chapitre consacré à ces insectes, comment l'on doit s'y prendre pour les combattre.

Pendant certaines années, très favorables aux Choux, la végétation est quelquefois si fougueuse que les tiges s'élèvent outre mesure et que les pommes ont de la peine à se former. On obvie à cet inconvénient par les moyens que voici : tantôt, on défait les buttes pour exposer à l'action de l'air les tissus tendres et poreux des tiges; tantôt on incise ces tiges vers leur partie supérieure et l'on y introduit un grain de sable, un éclat de bois ou un fétu de paille pour empêcher l'incision de se fermer; c'est une espèce de saignée que l'on pratique; d'autrefois enfin, et ce procédé nous paraît le meilleur, on appuie le pied contre la tige des Choux et on les incline un peu dans le sens opposé aux vents de pluie dominants. On ébranle ainsi les racines et l'on amoindrit par le fait la prise de sève.

Pendant les années où se produisent des intermittences de journées très chaudes et de journées très pluvieuses, ou bien encore lorsqu'on cultive en terrain léger, brûlant, et que l'on arrose en abondance pour combattre les effets de la sécheresse, les pommes de Choux sont sujettes à se fendre, à se crevasser. Cet accident les déprécie et les

exposé à pourrir promptement en temps de pluie. On doit
donc chercher à le prévenir, et l'on y réussit assez bien
soit en étendant des paillassons légers sur les planches de
Choux, soit des toiles, soit, tout simplement, en plaçant
une large feuille de Chou sur la tête de ce légume, de
9 heures du matin jusqu'à 3 heures de l'après-midi. Pour
s'expliquer l'utilité des précautions que nous venons d'indiquer, il faut chercher d'abord la raison de l'éclatement
des têtes de Choux. Sous l'influence d'une chaleur forte
et prolongée, il se produit une évaporation considérable;
les feuilles tendues qui forment la pomme des choux, perdent leur eau de végétation en même temps que leur élasticité. Tant qu'il y a arrêt de végétation, tout va bien, mais
aussitôt qu'une pluie survient ou que l'on arrose le pied
de la plante, il se produit de la sève, les racines fonction-
nent, l'intérieur de la pomme des Choux revit, se dilate et
les feuilles cassantes qui l'enveloppent extérieurement ne
tardent pas à se rompre. Nous ombrageons donc pour ralen-
tir l'évaporation et rendre ces feuilles moins cassantes.

Il est difficile, pour ne pas dire impossible, de préciser
les époques de la récolte des Choux : elles sont subor-
données au plus ou moins de précocité des races et à la
nature des climats dans lesquels on opère. D'ordinaire,
quand les pommes sont mûres à point, c'est-à-dire bonnes
à prendre, les principales feuilles de la base du Chou perdent de leur vigueur, se ternissent et s'apprêtent à mourir.
A propos de ces feuilles principales, disons bien vite que,
fréquemment, nos ménagères ont le grave tort de les
rompre pour les donner à leurs vaches, à leurs lapins et
même à leurs poules qui en sont très friandes. Ce qu'elles

gagnent ainsi d'un côté, elles le perdent certainement au
double et au triple de l'autre, car elles gênent par cette
suppression le développement des têtes. Il ne faut rompre
les larges feuilles de la base des Choux que lorsqu'elles ont
perdu leur vivacité de couleur et qu'elles vont jaunir.

Toutes les fois que l'on s'apprête, dans le courant de l'été,
à récolter les pommes de Choux, il faut distinguer les races
entr'elles. Les unes peuvent donner en seconde récolte de
bons regains, tandis qu'il n'y a rien de bon à attendre des
autres. Ainsi, avec les Choux de Milan, on devra laisser
quelques feuilles au-dessus de la tige, tandis qu'on ne laissera rien du tout aux Choux d'Allemagne. Ces feuilles res-
tantes rempliront le rôle d'appelle-sève, et lorsque la saison
ne sera pas trop avancée, les pieds de Choux pousseront
des rejets qui ne sont pas à dédaigner, même dans les
meilleures cuisines. Les Choux de Milan hâtifs, dont la
tête a été enlevée de bonne heure, produisent de ces rejets
en abondance et pendant fort longtemps. Pour ce qui est
de la récolte des Choux d'arrière-saison, que l'on tient à
conserver, c'est une autre affaire; on ne sépare pas les
pommes des tiges à moins qu'il ne s'agisse de ménager des
porte-graines; on arrache le tout.

Avant de parler de la conservation des Choux cabus,
nous avons un mot à dire de la culture forcée de quelques
uns d'entr'eux. Par culture forcée, nous entendons le semis
sous châssis des races hâtives qui ont été détruites en hiver.
On précipite ainsi la levée, on repique aux premiers beaux
jours et l'on gagne un peu d'avance sur les repiquages faits
avec des plants de pleine terre. Dans les climats tempérés
on n'a pas recours à ce moyen, à moins qu'il ne s'agisse

de faire du plant pour la vente. Les premiers Choux à repiquer trouvent des acheteurs impatients qui les payent bien; cependant ces Choux de couches ne valent point à beaucoup près ceux qui ont été élevés au grand air. Aussi, nous recommandons bien aux personnes des climats du Nord qui ont l'habitude de semer sur couche, d'habituer ces semis au grand air pendant 7 ou 8 jours, avant de procéder à la transplantation. Ceux qui sèment uniquement pour vendre le plant, n'ont point ce souci. Tant mieux si le plant vendu ne réussit pas; ils en vendront de l'autre pour le remplacer, ou bien de la graine, ou bien encore des légumes tout venus.

CONSERVATION DES CHOUX. — La conservation des Choux pommés n'est ni plus difficile ni plus dispendieuse que celle des racines. « Pour les conserver, dit De Combes, les uns les portent dans la serre, et les rangent simplement debout les uns contre les autres; d'autres les pendent au plancher par la racine; d'autres les enterrent; mais j'ai éprouvé que de toutes ces façons ils retiennent un mauvais goût, et se conservent moins que de la manière que je vais dire, qui est plus simple, et c'est la méthode d'Aubervilliers, où on les prolonge plus loin que nulle autre part.

« Après avoir arraché vers la Toussaint tous les Choux qu'on veut garder, et les avoir dépouillés de leurs grandes feuilles, on nettoie une place en plein air, le long d'un mur exposé au nord ou au couchant. On les couche sur terre près à près avec toute la racine, la tête tournée au nord; et lorsqu'il y en a une rangée de placée, on y jette un peu

de terre sur les racines ; on recommence un autre rang à la
suite, disposé de manière que les têtes touchent aux racines
des premiers, et on continue de la même manière tant qu'on
en a. Lorsqu'ensuite, les grandes gelées approchent, on les
couvre avec de la grande litière sèche et bien secouée, et
quand les dégels arrivent, on les découvre. L'air naturel
dont ils jouissent de temps en temps dans cette situation,
les soutient mieux qu'un air enfermé, et ils ne prennent
pas de mauvais goût; cependant, passé Noël, on n'en est
plus empressé, ils perdent leur goût en meilleure partie,
et les Choux frisés (de Milan) leur deviennent préférables
avec raison. »

Un autre procédé consiste en ceci : — On arrache les
Choux et on supprime les larges feuilles; après cela, on
creuse des rigoles du levant au couchant, dans la partie la
plus sèche du jardin, et l'on y couche les Choux un à un,
la tête en l'air, du côté du midi, très rapprochés les uns des
autres, mais ne se touchant point. On recouvre les pieds de
ces Choux jusqu'au collet avec la terre d'une seconde rigole,
ouverte à côté de la première, et quand on a placé ainsi
cinq ou six lignes de Choux, on dispose par-dessus le tout,
avec des pieux, quelques perches et des liens, une sorte de
charpente que l'on recouvre de paillassons à l'approche
des neiges ou des grands froids. Il est nécessaire, en outre,
de creuser autour de la réserve de Choux un fossé étroit et
profond qui sert à l'assainissement du terrain, à l'écou-
lement des eaux pluviales, et par conséquent à la conservation des légumes, qui ne dépasse pas le mois de février.

On conserve encore les Choux quelque temps en les plaçant en plein air sur un lit de fagots, la tête en bas; et on

les masque avec un peu de paille, que l'on renouvelle et que l'on met en plus grande quantité pendant les grands froids.

On les conserve aussi dans les terrains secs et en pente, rien qu'en ouvrant une fosse, dans laquelle on les place la tête en bas; et l'on recouvre de terre sur une épaisseur de 15 à 20 centimètres. Par ce dernier procédé, on ne conserve pas toujours les Choux blancs comme on le voudrait, mais les Choux rouges se maintiennent en bon état. Au fur et à mesure qu'on les retire de cette fosse, à la sortie de l'hiver, on enlève les feuilles de la circonférence qui sont pourries et d'un aspect dégoûtant, et on consomme promptement la partie saine. Une fois hors de terre, les pommes se gâteraient vite.

Par leur conversion en choucroûte, on arrive à conserver les Choux pendant un an et jusqu'à deux ans dans les climats qui se rapprochent du Nord. Ainsi, dans l'Ardenne Belge, la choucroûte de deux ans n'est pas rare, et l'on est heureux d'en trouver à acheter le jour de la fête patronale.

PRÉPARATION DE LA CHOUCROUTE. — On prend des têtes de Choux bien serrées, des cabus d'Allemagne, presque toujours, bien qu'on puisse se servir également de Choux de Milan ou de Savoie qui donnent une Choucroûte fort délicate à ce qu'on assure, mais qui a le tort de n'être pas blanche. On laisse les Choux à la cave ou sous un hangar pendant une huitaine de jours, pour qu'ils s'y fanent un peu. Après cela, on enlève les feuilles vertes, on creuse le trognon avec un couteau, de manière à en laisser le moins possible, et on divise le Chou en lanières fines à l'aide d'un couteau à plusieurs lames sur lesquelles on promène un

tiroir à coulisse bourré de Choux. La feuille divisée est
reçue dans une manne. Lorsque cette première besogne
est terminée, on dispose, au fond d'une tonne, dont le diamètre est le même partout, une couche de feuilles coupées
de la hauteur d'environ 16 centimètres, puis on saupoudre
avec une petite quantité de sel gris. Il vaudrait mieux n'en
pas mettre du tout que d'en mettre trop, car la trop grande
quantité de cet assaisonnement a l'inconvénient de rendre
les Choux durs et difficiles à cuire. Quelques personnes ont
l'habitude de semer sur cette première couche quelque peu
de poivre en grains, une petite quantité de baies de géné-
vrier et une ou deux feuilles de laurier; mais ceci dépend
du goût des individus, n'est pas de rigueur, et l'on peut fort
bien s'en passer. On pile ensuite fortement ce premier lit
de choucroûte avec un pilon. Nous ne saurions trop recommander, à cet égard, de piler fort et longtemps; car c'est
de cette condition que dépend la bonne conservation de la
choucroûte. On se sert pour cet usage d'un pilon en bois.

Sur cette couche ainsi foulée, on en ajoute une nouvelle,
sur laquelle on met de même un peu de sel et la même
quantité des autres ingrédients que l'on a jugés nécessaires. On fait ensuite jouer de nouveau le pilon jusqu'à ce
que ce second lit soit aussi fortement comprimé. Enfin on
continue de faire de nouvelles couches jusqu'à ce que la
tonne soit pleine, à 12 ou 16 centimètres près.

On ne jette pas tout à la fois dans le tonneau les feuilles
hachées nécessaires pour faire un lit; mais on les place de
façon à égaliser leur surface : de cette manière il est plus
facile de les piler et de les presser partout convenablement. Le vase plein, comme nous venons de le dire, on

couvre la choucroûte avec un linge bien blanc ou avec les grandes feuilles extérieures des Choux, dont on place trois ou quatre les unes sur les autres; puis on dispose pardessus des planches qui ferment la tonne aussi exactement que possible. Ces planches ne doivent avoir que le jeu nécessaire pour entrer et sortir librement. Il serait préférable d'avoir un couvercle muni d'une poignée, qui n'entrerait que tout juste. Enfin, on finit de charger le dessus de la tonne avec des pierres bien lavées et assez lourdes. Ordinairement, l'eau de végétation des Choux remonte jusque vers les pierres et couvre la surface de la tonne; mais si cela n'avait pas lieu, il serait nécessaire d'y verser de l'eau ordinaire jusqu'à ce que cette surface fut submergée.

La choucroûte, ainsi préparée, ne tarde pas à se mettre en fermentation; l'eau qui se trouve au-dessus de la tonne devient écumeuse et acide. Lorsqu'on voit cette fermentation baisser, ce qui a lieu ordinairement au bout de douze à quinze jours, on peut commencer à se servir des Choux. Quelques personnes, cependant, pensent qu'il est préférable d'attendre trois semaines ou un mois. Quoiqu'il en soit et de quelque manière que l'on juge à propos d'agir, il faut, lorsqu'on veut prendre de la choucroûte, enlever avec un petit vase toute l'eau qui est sur le couvercle; il est même nécessaire, pour n'en pas laisser, de se servir, à la fin de l'opération, d'un linge ou d'une éponge à l'aide desquels on fait disparaître ce qui pourrait rester de liquide. Cela fait, on ôte d'abord les pierres, puis les planches et enfin le linge ou les feuilles de Choux; on prend la quantité de choucroûte dont on a besoin, on met la surface de ce qui reste bien de niveau, puis on replace le linge, les

4.

planches et les pierres, après les avoir lavés convenablement. Les personnes qui ne prennent pas de choucroûte
tous les huit jours dans la tonne, doivent, malgré cela, au
bout de ce temps, la découvrir pour voir si elle ne se gâte
pas et tout nettoyer, comme nous venons de le dire. Cependant, lorsque les Choux seront depuis deux mois et demi
ou trois mois dans la tonne, il suffira de les visiter tous les
quinze jours. Il faut aussi, bien entendu, qu'à chaque visite,
on ajoute de l'eau en quantité suffisante pour recouvrir les
planches. Tous ces soins, qui paraissent minutieux, sont
nécessaires si l'on veut que la choucroûte ne se gâte pas et
se conserve pendant un an et même plus. En outre, la tonne
qui la renferme doit être placée dans une cave ou dans tout
autre lieu où elle soit complétement à l'abri de la gelée,
sans quoi son contenu ne tarderait pas à devenir tout-à-fait
mauvais.

Les détails qu'on vient de lire sur la préparation de la
choucroûte, ne nous appartiennent pas; nous les avons
trouvés dans un journal belge et sans signature au bas. Si
nous les avons reproduits avec de légères modifications,
c'est parce qu'ils ont été écrits par un homme qui con-
naissait parfaitement son sujet. Pendant tout le temps que
nous avons habité la Belgique, nous avons préparé notre
choucroûte exactement comme on vient de l'indiquer,
moins les feuilles de laurier. Notre tonne contenait un peu
plus d'un hectolitre; elle se fermait au moyen d'un couvercle à poignée, et nous ajouterons que les pierres dont
nous nous servions pour presser ce couvercle contre la
choucroûte, pesaient de 20 à 25 kilog.

Nous prenions notre première choucroûte trois semaines

après la mise en tonne, et nous avions soin de jeter la première couche qui est toujours de mauvaise qualité. Quant à visiter la tonne à choucroûte tous les huit jours d'abord et tous les mois ensuite, le conseil est bon, mais on le suit rarement. Nous ne visitions pas la nôtre une fois tous les mois, même au début; nos voisins ne visitaient pas la leur plus souvent, et notre choucroûte, pourtant, se conservait dix-huit mois et deux ans. Il est vrai que nous étions dans une contrée froide et que, dans des climats moins rudes, notre négligence aurait pu nous coûter cher.

Dans ces dernières années, on a trouvé, pour la conservation des différents légumes et par conséquent des choux comme des autres, des moyens dont l'industrie fait encore un secret, et dont par conséquent nous n'avons pas à entretenir nos lecteurs. Nous dirons seulement que ces conserves de légumes pour julienne, qui nous paraissent avoir été soumises à la dessiccation et protégées par un enduit gélatineux, n'ont point, après la cuisson, la saveur franche des légumes verts.

Avant de parler de l'emploi des différents Choux, nous voulons épuiser la liste des espèces et variétés qui portent ce nom.

Quatrième catégorie

DES CHOUX-FLEURS ET BROCOLIS

Chou-fleur. — C'est le *Brassica oleracea Botrytis cauliflora* de De Candolle (grav. 7), et il le décrit en ces termes :

— « La race à laquelle, pour éviter toute confusion, je suis obligé de donner le nom de *Botrytis*, a une organisation

Grav. 7 — Chou-fleur.

toute particulière; les rameaux florifères, au lieu d'être disposés en pyramide, comme une panicule, sont serrés à

partir de leur base, et forment une espèce de corymbe ré-
gulier; à ce caractère il faut en ajouter un autre qui est la
conséquence naturelle du premier; les pédicelles étant
étroitement serrés les uns contre les autres, avant la floraison, perdent leur forme, deviennent charnus en adhérant
les uns contre les autres, et, en général, ne produisent que
des rudiments de fleurs avortées. » M. Vilmorin ajoute les
caractères suivants : — « Ce corymbe ou tête de Chou-fleur
est blanc-jaunâtre, atteint des dimensions différentes, est
plus ou moins serré, a le grain plus ou moins fin suivant
les variétés cependant, une partie des fleurs se développent
en se désagrégeant, et sont supportées par une tige rameuse
qui s'élève à environ 1m.25. Les feuilles sont entières,
allongées, légèrement ondulées, renversées en dehors à
l'extrémité, d'un vert glauque, à pétiole épais et à nervures
blanchâtres. La graine est généralement plus petite et de
grosseur moins régulière que dans les autres variétés du
Chou cultivé. »

Voici maintenant la définition donnée par MM. Moreau et
Daverne : — « Cette espèce de Chou diffère des autres en
ce que ce ne sont pas ses feuilles qui forment sa tête,
mais bien ses fleurs (ou plutôt ses boutons floraux), qui,
avant leur développement, se changent en une masse compacte de granulations blanches, charnues, tendres, et d'un
manger délicat. Quand cette masse ou cette tête a pris tout
son développement, qui atteint jusqu'à 16 ou 20 cent. de
diamètre sous une forme convexe, si on ne la coupe pas,
il en sort plusieurs rameaux qui développent des fleurs en
partie imparfaites, en partie parfaites; et ces dernières produisent des siliques dont les graines reproduisent l'espèce. »

Il n'y a réellement que 4 variétés de Choux-fleurs qui sont :

1° Le *Chou-fleur tendre* que les maraîchers de Paris appellent le *petit Salomon ;*

2° le *Chou-fleur demi-dur* ou *gros Salomon ;*

3° Le *Chou-fleur dur de Hollande ;*

4° Le *Chou-fleur noir* ou *violet de Sicile.*

Le Chou-fleur *dur de Paris* et le Chou-fleur *Lenormand* qui est robuste et remarquable, ne sont que des sous-variétés du gros Salomon; le Chou-fleur *dur d'Angleterre,* le Chou-fleur *dur de Bruxelles* ressemblent trop au Chou-fleur *dur de Hollande* pour en être distingués sûrement.

Le Chou-fleur tendre ou petit Salomon est le plus petit de tous; sa pomme se forme rapidement et *s'écaille* ou se desserre rapidement aussi. On le sème au printemps pour le récolter de juillet en septembre.

Le Chou demi-dur ou gros Salomon qui a une très belle pomme, et dont le grain est blanc et serré convient surtout pour les semis du mois de juin. On le récolte en automne. Il y a une sous-variété plus tardive de 8 à 10 jours.

Le Chou-fleur dur de Hollande, à pomme très volumineuse et à grains blancs très serrés, est plus tardif que le demi-dur. On le sème ordinairement en mai pour le récolter vers la fin d'octobre ou en novembre.

Le Chou-fleur noir de Sicile, à pomme violette et à gros grains peu serrés, appartient nous dit-on aux Choux-fleurs par ses feuilles et aux Brocolis par sa pomme. Franchement, cette distinction nous satisfait peu, et tout en nous conformant aux usages reçus, nous sommes forcé d'avouer, à notre confusion, que nous ne saisissons pas bien la nécessité de séparer les Brocolis des Choux-fleurs. Nous avons cultivé les uns et les autres assez longtemps pour les connaître, et cependant si l'on nous présentait des têtes des uns et des autres, dépouillées d'une partie de leurs feuilles, comme on les voit à la halle, nous serions incapables de vous dire : voici les Choux-fleurs ; voilà les Brocolis. Et nous parierions que les maraîchers de n'importe quel endroit seraient aussi embarrassés que nous dans la même situation. Nous avions cru remarquer que la tête du Brocoli blanc se distinguait des Choux-fleurs en ce qu'elle était plus blanche, plus appétissante, mais nous ne rencontrons ce caractère distinctif dans aucune définition, en sorte que nous n'osons pas le maintenir.

Brocoli. — C'est le *Brassica oleracea botrytis cymosa,* de De Candolle. Voici ce qu'en dit M. Vilmorin : — « Le Brocoli se distingue du Chou-fleur par ses feuilles plus nombreuses, moins allongées ; celles-ci sont ondulées, un peu contournées ; celles qui entourent la pomme (ou tête) et qui ne sont pas complétement développées, sont comme frisées par des ondulations plus nombreuses et plus courtes ; la nervure médiane est grosse, ferme et donne à la feuille une certaine raideur, les nervures secondaires sont nombreuses, blanches. Vers le point d'attache des feuilles, le pétiole est plus souvent dénudé que dans le Chou-fleur, la couleur des feuilles est plus glauque. La *pomme fine et serrée ne se distingue pas de celle du Chou-fleur* dans les bonnes variétés blanches ; dans les variétés violettes, la pomme est ordinairement petite et le grain (boutons de la fleur) en est gros et peu serré. »

Voyons à présent ce qu'en disent MM. Moreau et Daverne, dans leur *Manuel pratique de la culture maraîchère* : — « Le Brocoli ressemble au Chou-fleur par la couleur glauque de ses feuilles, par la manière de former sa pomme; mais ses feuilles sont plus grandes et plus ondulées. Il diffère surtout du Chou-fleur en ce qu'il supporte d'assez fortes gelées et que, après avoir traversé l'hiver, il produit sa pomme au premier printemps. Avant l'introduction de la culture forcée du Chou-fleur dans Paris, les maraîchers de cette capitale cultivaient le Brocoli; mais depuis lors, les jardiniers du Midi de la France et ceux du Finistère, favorisés par leur climat, en envoient à Paris dès les trois premiers mois de l'année, et nous ne pouvons soutenir la concurrence à cause de la cherté de nos terrains, de sorte qu'il n'y a que très peu de maraîchers à Paris qui cultivent aujourd'hui le Brocoli... »

Ainsi, vous voudrez bien observer que M. Vilmorin trouve au Brocoli des feuilles moins longues qu'au Chou-fleur, tandis que MM. Moreau et Daverne les trouvent plus grandes. En bonne justice, le mieux serait de convenir que le Brocoli est une variété de Chou-fleur, tout simplement, une variété un peu plus robuste que les autres et pouvant, avec quelques précautions, traverser l'hiver dans le climat de Paris. Si on le sème en juillet, il donne ses pommes au printemps; si on le sème au printemps, il les donne vers la fin l'été.

On recommande, parmi les nombreuses races plus ou moins douteuses des catalogues, le *Chou brocoli blanc hâtif;* le *Brocoli blanc Mammoth,* très rustique, très bon et donnant sa pomme une vingtaine de jours après le hâtif;

enfin, le *Brocoli violet*, aussi précoce que le blanc hâtif et peut-être de meilleure qualité.

CULTURE DE PLEINE TERRE DES CHOUX-FLEURS ET BRO-COLIS. — En 1855, nous écrivions : — « Ces plantes sont considérées dans nos campagnes comme des légumes de luxe, difficiles à obtenir, très coûteux, et dont il faut laisser l'entière jouissance aux gens riches ou aisés. Or, c'est là une de ces grosses erreurs que l'on ne s'explique pas. Les Choux-fleurs et les Brocolis n'exigent ni plus de science, ni plus d'habileté que les Cabus. » C'est encore notre avis; seulement, nous ajouterons qu'ils exigent beaucoup plus d'eau. Ce n'est qu'à la condition d'arroser copieusement que l'on obtient des pommes belles et tendres.

Dans les climats froids de l'Ardenne, où nous avons cultivé les Choux-fleurs et Brocolis avec quelque succès, nous semions le petit et le gros Salomon, ainsi que le Brocoli Mammoth, sous châssis en mars pour repiquer en avril. Quant au Chou-fleur dur de Hollande, nous le semions sur un bout de plate-bande au commencement d'avril, pour le repiquer en mai. Nous les placions les uns et les autres à une distance de 70 à 80 centimètres, à cause de la vigueur de végétation. Pour ce qui est des soins d'entretien, ils ne différaient de ceux donnés aux autres Choux que par des arrosages fréquents dans la matinée seulement, tant que les nuits étaient froides, et plus tard deux fois par jour, matin et soir, quand, bien entendu, la pluie ne nous en dispensait pas.

Aussitôt que les feuilles de nos Choux-fleurs et Brocolis se redressaient sensiblement et nous annonçaient ainsi, à

5

leur manière, que les pommes allaient se former, nous remuions la terre au pied avec la binette et nous arrosions abondamment avec de l'eau coupée d'urine de vache, puis tous les deux jours avec de l'eau pure dégourdie au soleil. Quand les pommes avaient la grosseur du poing, nous les recouvrions en cassant à demi les petites feuilles d'intérieur qui les entourent. Au bout de deux ou trois jours, les pommes écartaient leur couverture en se développant; alors, nous les recouvrions de nouveau, en rompant à demi les voisines. Bientôt, celles-ci ne suffisant plus, nous étions forcés de rompre les grandes feuilles extérieures, de les rabattre au-dessus des têtes du Chou-fleur et de les y maintenir au moyen d'une pierre plate. Ces têtes de Chou, ainsi abritées contre la lumière du jour, achevaient de se développer, et restaient tendres, blanches et serrées. Sans ces précautions, elles eussent jauni sensiblement et durci; [elles n'auraient plus grossi et se seraient *écaillées* ou écartées pour monter à fleur.

Dans nos climats doux, les procédés de culture sont les mêmes que dans le Nord, avec cette différence qu'on peut se dispenser de semer sous châssis et, qu'après le repiquage, il convient d'arroser plus copieusement pendant le cours de la végétation et parconséquent de fumer sans lésinerie, attendu que l'eau use vite l'engrais. D'ordinaire, le développement des feuilles est moindre que dans les contrées humides, et il suffit de placer les pieds à 60 centimètres de distance.

Il est d'usage, au moment où la tête se forme, d'ouvrir un bassin autour de chaque pied et d'y verser l'eau des arrosages; nous pensons qu'une butte évasée du haut, toujours en forme de bassin, serait préférable.

Si la bonne culture et les engrais copieux sont de rigueur pour le succès des Choux-fleurs et Brocolis, la bonne qualité des graines est de rigueur aussi. Autrefois, les jardiniers français, anglais et hollandais ne connaissaient que la graine de Malte et du Levant; on n'en voulait pas d'autre. Plus tard, nos jardiniers prônèrent la graine d'Angleterre, et MM. Moreau et Daverne nous rappellent la chose en commettant une erreur de date. Ils écrivaient en 1854 : — « Il y a cinquante ans, on croyait que la graine de Chou-fleur récoltée en France ne pouvait pas produire de beaux Choux-fleurs, et on la tirait toute d'Angleterre. A présent, chaque maraîcher recueille sa graine, il en vend même, et continue d'obtenir de très beaux et bons Choux-fleurs. »

Il y a longtemps qu'on sait cela. Au milieu du xviiie siècle, De Combes a dit à ce propos : — « Plusieurs sont dans un autre préjugé, que la graine de Malte ou du Levant est meilleure qu'aucune autre; l'expérience en a démontré le faux à tous ceux qui font profession d'en élever : celle qu'ils recueillent eux-mêmes leur réussit beaucoup mieux; et *depuis nombre d'années*, aucun ne s'avise plus d'en semer d'autre : les étrangers même, en bonne partie, en ont reconnu la différence, et la tirent actuellement d'ici. Sa forme est ronde, de la grosseur d'une bonne tête d'épingle, et sa couleur marron clair; on la juge bonne, quand elle est bien pleine et sans rides. »

Il n'est pas difficile de produire cette semence; nous en avons indiqué le moyen dans un petit livre qui a pour titre : l'*Art de produire les bonnes graines*. — « Semez, avons-nous dit, en septembre sous le climat de Paris, en août,

sous le climat de la Belgique ; repiquez les plants au commencement d'octobre ; faites leur passer l'hiver sous châssis
ou au moyen d'une couverture de feuilles sèches ou d'abris
quelconques ; marquez au printemps ceux qui porteront
les plus belles pommes ; ne touchez pas à ces pommes ;
ombragez-les avec de larges feuilles pour qu'elles ne dur-
cissent point ; enlevez ces feuilles aussitôt que les pommes
s'ouvriront et feront mine de monter ; arrosez souvent au
pied avec le goulot de l'arrosoir, surtout quand les porte-
graines commencent à se mettre à fleurs, et pincez les
extrémités des branches fleuries, afin de mieux nourrir les
fleurs et les graines du dessous. Prenez garde aux pucé-
rons, détruisez-les en mouillant les feuilles et les tiges avec
de l'eau salée, ou bien avec de la chaux vive en poudre
que vous répandrez sur les parties attaquées, après les
avoir mouillées avec la pomme de l'arrosoir. En août, ou,
au plus tard en septembre, selon les localités, vous couperez les rameaux au fur et à mesure que les siliques mû-
riront et les ferez sécher au soleil sur un drap. Ces siliques
s'ouvriront seules et les graines qui s'en détacheront les
premières seront les meilleures. Vous attendrez qu'elles
soient parfaitement sèches pour les renfermer, et vous
ferez bien de les mettre en sacs avec leurs menues pailles,
afin d'éviter la fermentation ou l'échauffement. Vous les
vannerez plus tard. »

Quoique l'on fasse, la graine de Choux-fleurs a toujours
mauvaise mine ; elle est terne et l'on croirait à première
vue, qu'elle a perdu ses facultés germinatives. Avancer,
comme l'a fait De Combes, que cette graine est de la grosseur d'une bonne tête d'épingle, c'est peut-être aller un

peu loin, à moins d'admettre que de son temps les têtes d'épingles étaient plus petites que du nôtre.

Dans le climat de Paris, où, nous l'avons déjà dit, les Brocolis peuvent traverser l'hiver, moyennant certaines précautions, on doit les semer en pleine terre au commencement de juillet, les éclaircir promptement après la levée, s'ils sont trop épais, — ce qui a lieu presque toujours, — et les transplanter dans la première semaine d'août à 65 centimètres l'un de l'autre. Lorsque le temps est à la sécheresse, on arrose fréquemment. Sur ces planches à Brocolis, les maraîchers sèment de la mâche ou des épinards. A l'approche des gelées, ils arrachent les Brocolis et les retransplantent jusqu'au collet, de façon à ce que leurs feuilles se touchent. Ils obtiennent ainsi un ralentissement de végétation qui, selon toute apparence, a le mérite de rendre les plantes moins sensibles à la gelée. Et lorsque viennent les grands froids, il suffit de couvrir les Brocolis de litière pour les sauver. Nous n'avons pas besoin d'ajouter qu'il faut leur donner de l'air et de la lumière toutes les fois que la température le permet. En procédant ainsi, on a des Brocolis qui pomment de bonne heure au printemps.

CULTURE FORCÉE DES CHOUX-FLEURS. — Les variétés de Choux-fleurs que l'on force d'habitude, sont le petit et le gros Salomon. A cet effet, on sème la graine de l'un et de l'autre en pleine terre, dans les premiers jours de septembre, un peu plus tôt dans le Nord, un peu plus tard dans le Midi. Dès que le plant a ses deux premières feuilles, non compris les cotylédons, on prépare des plan-

ches au potager pour l'y repiquer. Cette préparation consiste à labourer les planches en question et à placer des
coffres de jardinier sur cette terre labourée. Après cela, on
donne un coup de râteau dans l'intérieur des coffres et on
charge le terrain nivelé de 4 à 5 centimètres de terreau,
ou à défaut de terreau, d'un mélange d'excellente terre et
de vieux fumier. Une fois ces préparatifs terminés, on lève
les jeunes plants de Choux-fleurs avec la bêche et on les
transporte près des coffres. Alors, on saisit les Choux de
la main gauche un à un et on les enterre jusqu'au collet
dans des trous que l'on ouvre dans le terreau avec l'index
de la main droite, et à 7 ou 8 centimètres l'un de l'autre.
Aussitôt après, on donne un coup d'arrosoir, et il va sans
dire que l'on continue les arrosages aussi longtemps que
la sécheresse l'exige.

Dans la dernière semaine de novembre, le plus habituellement, on prépare d'autres planches sur lesquelles on
met d'autres coffres et aussi un lit de terreau, comme précédemment, et l'on y retransplante les Choux des premiers
coffres un peu moins serrés qu'ils ne l'étaient d'abord. Les
jardiniers font cela pour que la végétation n'aille pas trop
vite, et pour *endurcir le plant,* expression très juste que
les physiologistes n'ont pas encore remarquée.

Dès que les premières gelées se font sentir, on se hâte
de mettre les châssis sur les coffres. On les tient fermés la
nuit, et le jour, on les tient soulevés par derrière pour
donner de l'air aux Choux-fleurs. A mesure que le froid
augmente, on prend mieux ses précautions contre lui.
Ainsi, on couvre les châssis d'un paillasson simple ou de
plusieurs paillassons, et quand l'hiver devient très rude, on

établit des accots autour des coffres jusqu'à la hauteur des panneaux. On donne le nom d'accot à un lit de feuilles ou de litière sèche d'environ 40 centimètres d'épaisseur. Puis, dans la journée, dès que la température remonte et que le soleil paraît, on enlève les paillassons et l'on donne prudemment un peu d'air pendant les meilleures heures de la journée. Cependant, d'aucunes fois, la saison est si âpre et le froid tellement vif qu'il est impossible de donner de l'air et de la lumière aux plantes ; il faut les tenir cachées des semaines entières. Ce sont heureusement des cas exceptionnels, mais nous le répétons, ces cas se présentent, et à la suite de cette longue et pénible captivité, il importe de ne pas aérer et de ne pas éclairer les Choux-fleurs trop brusquement. On doit ménager les transitions, c'est-à-dire n'éclairer et n'aérer que par degrés, très faiblement d'abord.

Au commencement de février, les primeuristes qui ont fait des laitues sous châssis, ont des coffres disponibles. Or, c'est dans ces coffres, après avoir donné un coup de bêche au terreau, que l'on transplante une partie des Choux-fleurs pour la troisième et dernière fois, c'est-à-dire à demeure. On laisse l'autre partie composée de gros Salomon pour le mois suivant, afin de les mettre en côtière et d'échelonner la production. On fait la transplantation au plantoir sur deux rangs, en haut et en bas du coffre, à 20 centimètres à peu près des bords, et, entre les deux lignes de Choux-fleurs, on sème de la carotte courte de Hollande, ou bien on plante de la laitue gotte ou de la laitue Georges.

Cette opération exécutée, on replace les châssis, que l'on soulève le jour, que l'on ferme la nuit. Souvent même,

il faut encore recourir à l'emploi des paillassons. L'essentiel, est d'aérer graduellement, d'habituer peu à peu les
Choux-fleurs au régime du grand air.

En mars, le soleil est déjà chaud, au moins dans la plupart de nos climats, et la végétation marche, en sorte que le
bout des feuilles des Choux-fleurs touche bientôt les vitres.
On doit alors exhausser les coffres au moyen de tampons
de paille ou de foin que l'on place sous les quatre coins.

Vers la fin de ce mois de mars, on enlève les châssis et
les coffres qui vont servir à faire des melons; et dans le
cas où des gelées tardives viennent contrarier le jardinier,
il se contente de recouvrir la nuit avec des paillassons
soutenus par des perches.

Cinq semaines plus tard, le petit Salomon fait ordinairement des pommes. Le gros Salomon arrive à huit jours
de distance. Lorsque la pomme se montre, on rompt une
feuille pour la couvrir et l'on s'arrange de façon à ce qu'en
se développant, elle ne reçoive pas la lumière du jour.

En mars, on prend les Choux-fleurs demi-durs laissés
dans les premiers coffres et on les plante en côtière, à 65
centimètres l'un de l'autre, en compagnie des laitues romaines. Nous appelons côtière une plate-bande abritée
contre les vents froids par des murs ou des brise-vents
quelconques.

RÉCOLTE ET CONSERVATION DES CHOUX-FLEURS. — On n'a
d'intérêt à conserver que les Choux-fleurs tardifs. Autrefois,
pour avoir des Choux-fleurs à la fin de l'hiver, on arrachait
à l'approche des premières gelées les pieds dont la tête
était à peine formée, on rompait une partie de leurs prin-

cipales feuilles, on portait ces Choux dans une serre à légumes ou dans une cave et on les enterrait jusqu'au collet
et fort près les uns des autres, dans une terre très meuble,
même dans du sable un peu frais. On aérait le plus possible en temps doux, on fermait bien en temps froid, et
dans cette situation, les pommes continuaient de se développer. Elles ne devenaient jamais grosses, mais telles
quelles on s'en contentait parfaitement. — En novembre et
décembre, on songeait aussi à conserver les pommes coupées dans des serres bien sèches. A cet effet, on coupait
ces pommes, on ôtait toutes leurs feuilles, et ainsi dépouillées, on les plaçait tout bonnement sur des tablettes.

Aujourd'hui encore, beaucoup de personnes ne connaissent pas d'autres moyens de prolonger artificiellement la
saison des Choux-fleurs. Cependant, il y a mieux à faire.
Voici d'après le *Manuel pratique de la culture maraîchère
de Paris*, comment s'y prennent ses auteurs, MM. Moreau et
Daverne, pour conserver les têtes de Choux-fleurs parfaitement saines et très blanches, depuis le mois de novembre
jusqu'au 15 avril et au-delà.

— « D'abord, disent-ils, il faut posséder sous sa maison
ou ailleurs, une espèce de cellier, enterré d'environ 1 mètre 66 centimètres, qui ait une fenêtre à chaque extrémité,
pour pouvoir y établir un courant d'air (une cave voûtée en
pierre ne serait pas aussi convenable). On fiche sur les côtés
des solives du plancher un ou deux milliers de clous, à la
distance de 27 à 30 centimètres l'un de l'autre : tous ces
clous sont destinés à recevoir chacun un Chou-fleur chaque
hiver.

« A la fin de novembre et par un jour sec, on fait choix,

dans un carré de Choux-fleurs durs, car ce sont ceux qui se gardent le mieux, on fait choix, disons-nous, des plus belles pommes; on les coupe un peu bas, de manière à leur laisser un trognon ou bout de tige long de 10 à 15 centimètres; on détache entièrement les feuilles qui se trouvent sur le bas de ces trognons, mais on raccourcit seulement à la longueur de 8 à 10 centimètres, celles qui avoisinent ou entourent la pomme du Chou-fleur. Ces bouts de feuilles ménagés garantissent les pommes, par les côtés, contre les chocs et les pressions, mais n'en garantissent pas le dessus, il faut donc, en les portant et les déposant sur une table dans le cellier où elles doivent être conservées, prendre bien garde de les froisser en aucune manière. Arrivées sur la table, dans le cellier, le maître maraîcher achève de leur faire leur toilette, c'est-à-dire qu'il ôte des feuilles et du trognon ce qui lui paraît inutile; ensuite il attache au trognon de chaque pomme une ficelle longue de 16 à 20 centimètres, et pend les pommes de Chou-fleur, la tête en bas, aux clous des solives du plancher.

« Quand les Choux-fleurs sont ainsi pendus, dès la fin de novembre, il faut leur donner certains soins pour en conserver jusqu'au mois d'avril; ce sont ces soins que nous allons expliquer.

« Tant qu'il n'y a ni gelée, ni grande pluie, ni brouillard, on laissera les deux fenêtres du cellier ouvertes, pour qu'il y ait, autant que possible, un courant d'air pour chasser l'humidité, qui est très contraire à la conservation des Choux-fleurs; si, plus tard même, quand la gelée oblige de tenir les fenêtres fermées, l'humidité se manifeste, on allume dans le cellier quelques terrinées de braise pour sécher l'air; mais, ce qui est d'une nécessité encore plus grande, c'est de visiter chaque Chou-fleur, au moins une fois par semaine, pour ôter les feuilles qui peuvent pourrir sans tomber, pour voir si quelque partie de la pomme ne se tache pas, et livrer à la consommation ceux de ces Choux-fleurs qui paraissent devoir se conserver le moins longtemps.

« Pendant que les Choux-fleurs sont ainsi suspendus, ils se fanent un peu et peuvent diminuer de volume d'environ un quart; mais on les fait revenir à leur état naturel quand on se dispose à les porter à la halle : pour cela, on coupe quelques millimètres du bout du trognon, on plonge, à plusieurs places, la pointe d'un couteau dans la chair du trognon, et l'on a sous la main un baquet d'eau fraîche dans lequel on plonge ce trognon pendant vingt-quatre ou trente-six heures, sans en mouiller la tête; par cette opération, le Chou-fleur reprend sa fraîcheur, sa première grosseur, conserve sa blancheur, et ne perd rien de sa qualité : il ne diffère d'un Chou-fleur nouvellement cueilli qu'en ce qu'il a successivement perdu les portions de feuilles qui l'entouraient, soit parce qu'elles sont tombées d'elles-mêmes, soit parce qu'on les a ôtées, dans les visites, pour s'opposer à la pourriture.

« Telle est la meilleure manière que nous ayons trouvée de conserver des Choux-fleurs jusqu'au mois d'avril; mais à présent nous avons renoncé à en conserver aussi long-temps : nous sommes forcés d'avoir tout vendu dès la fin de janvier, parce que dès le mois de février, les courriers et les conducteurs de diligences apportent à Paris des Brocolis du Midi de la France et du Finistère, qui établissent une concurrence que nous ne pouvons plus soutenir; et si

les chemins de fer se multiplient en France, cette concurrence pourra bien s'étendre jusqu'à nos Choux-fleurs
du printemps, et causer un grand dommage à la culture
maraîchère de Paris. »

Depuis que ces lignes ont été écrites, les chemins de
fer se sont multipliés, et ce qui se passe prouve que les
prévisions de MM. Moreau et Daverne étaient fondées. Les
maraîchers de Paris regrettent naturellement le passé,
mais les consommateurs, qui ont bien aussi quelques
droits à notre sollicitude, pensent qu'il vaut mieux manger
à bas prix des Choux-fleurs frais que de payer fort cher
des Choux-fleurs conservés qui, d'ailleurs, ne sauraient
leur être comparés.

Pour notre compte, nous n'admettons pas et n'admet-
trons jamais que les légumes verts conservés, ceux de la famille des Crucifères surtout, puissent être mis en parallèle
avec les légumes frais, quant à la qualité. La première de
toutes les qualités dans les produits du potager, c'est la fraîcheur. Il n'y a d'exception que pour les ognons et les tubercules : pommes de terre et patates qui gagnent à vieillir
un peu avant d'être consommées. Toutes les autres denrées du légumier ne sont parfaites qu'à la condition d'être
employées de suite après leur récolte, et c'est précisément
en ceci que consiste l'avantage de ceux qui cultivent les
légumes pour leur consommation sur ceux qui sont forcés
de les acheter au marché. Nous savons bien que les légumes fabriqués par l'amateur ou le bourgeois, comme l'on
dit, coûtent plus cher que les légumes fabriqués par les
spécialistes, mais, en revanche, ils sont autrement délicats,
et leur délicatesse n'est pas trop payée.

Le Chou-navet est en quelque sorte la plante de tran-
sition qui relie les Choux proprement dits aux Navets.
Pour les botanistes, ainsi que nous l'avons déjà fait remarquer, les Navets en question sont une autre espèce de
Chou, mais pour nous cultivateurs, les Navets sont des
Navets d'abord, pas autre chose, et, encore une fois, nous
n'entendons point les loger dans cette monographie. En
agriculture comme en culture potagère, nous avons une
limite que les botanistes ne connaissent guère, mais qui
n'a pas échappé aux praticiens. Les Choux s'arrêtent juste
à l'endroit où la transplantation n'est plus praticable, au
moins avantageusement. Ainsi, vous observerez que tous
les Choux décrits précédemment, sans en excepter les
Choux-navets que nous décrivons à cette heure, suppor-
tent très bien et exigent même souvent le repiquage ou
transplantation, tandis que personne ne songe à transplanter les Navets proprement dits dans la première année
de leur végétation. Il nous est arrivé d'essayer cette opération pour regarnir des planches du potager, et nous
savons ce qu'il en coûte d'eau et de peine pour aboutir à
de maigres résultats.

CULTURE DES CHOUX-NAVETS ET RUTABAGAS. — Cette
culture ne présente aucune difficulté; elle ne diffère en
rien de celle des Choux ordinaires; nous la conseillons en
conséquence à tous nos lecteurs. On sème les Choux-
navets et Rutabagas en mai, soit à demeure, soit en pépinière pour les repiquer en juin. On repique au plantoir à
40 ou 50 cent. de distance; les plus grands intervalles
conviennent aux Rutabagas, les plus petits aux Choux-

navets, dont les racines n'ont pas le diamètre aussi considérable que le Rutabaga, et dont le collet se dépouille de ses feuilles principales à mesure que la racine se forme. On pourrait avancer de quelques semaines les semis et repiquages de Choux-navets et Rutabagas, mais en se hâtant trop, on rendrait le plant sujet à s'emporter, c'est-à-dire à se mettre à fleur la première année. En pareille circonstance, on opère la suppression des tiges florales à mesure qu'elles se présentent, mais cela donne beaucoup de peine, et quoique l'on fasse, on n'obtient jamais que des racines coriaces d'un volume médiocre. Le mieux donc est de ne pas s'y exposer et de ne repiquer qu'en juin. Les Choux-navets et Rutabagas auront toujours assez de temps devant eux pour développer leurs racines qui, d'ailleurs, sont très-rustiques et ne craignent point les premières gelées. Dans les climats tempérés, surtout lorsque le semis et la transplantation ont été tardifs, il n'est pas rare de voir les récoltes traverser sur pied tout un hiver. Toutefois la prudence commande de ne pas trop s'y fier.

Les Choux-navets et Rutabagas ne sont pas très difficiles sur la qualité du terrain; les plus beaux que nous ayons vus avaient été cultivés sur défriches de bruyères, et fumés avec un mélange de fumier de mouton et de boues d'étangs ressuyées à l'air pendant dix-huit mois ou deux ans. Il est même à remarquer qu'en général, les terres neuves leur conviennent beaucoup mieux que les vieilles terres. C'est un fait que nous avons eu fréquemment l'occasion d'observer dans l'Ardenne-belge où les Rutabagas occupent une assez belle place, à titre de plante fourragère et où le

Chou-navet type, est cultivé comme légume sous le nom
de *Napoli* (Neufchâteau). Ce nom de *Napoli* vient de ce
que cette plante est désignée en beaucoup d'endroits sous
celui de *Navet de Laponie*. Les Ardennais ne sont pas de
l'avis du *Bon jardinier* qui estime le Rutabaga supérieur
au Chou-navet ordinaire pour les préparations culinaires;
ils laissent le premier au bétail et gardent le second pour
eux. Nous croyons que les Ardennais n'ont pas tort, tout
en reconnaissant que le Chou-navet est un légume de
médiocre qualité.

RÉCOLTE ET CONSERVATION DES CHOUX-NAVETS ET RUTA-
BAGAS. — Les gens qui font de la culture uniquement sur
le papier, sans jamais bouger du coin de leur feu, vous di-
ront que les procédés de conservation sont les mêmes pour
toutes les racines indistinctement. Parlez-leur de Betteraves, Carottes, Panais, Pommes de terre, Navets, Choux-
navets, ou Rutabagas, et ils vous donneront pour les uns
comme pour les autres la même recette. Si vous avez une
cave suffisamment vaste, ils vous conseilleront d'encaver les
provisions d'hiver; si vous n'avez pas de cave, ils vous
conseilleront de les mettre en fosse ou en silos. La théorie
pure, que nous estimons beaucoup sans doute, mais que
nous ne suivons pas aveuglément, laisse de côté certains
détails d'une grande importance. C'est aux praticiens à
établir les distinctions; eux seuls savent très bien ou doivent savoir que les procédés de conservation varient avec
les récoltes. Nous pouvons maintenir, par exemple, les
Carottes et les Panais en cave, rien qu'en les empilant,
mais nous n'arriverons pas à prolonger leur durée jusqu'en

juin par ce moyen. Nous pouvons conserver des Pommes
de terre en silos et les garder ainsi plus longtemps qu'en
cave, mais Dieu nous garde de conseiller l'ensilage pour les
Navets, Choux-navets ou Rutabagas. Ceux-ci pourriraient
vite en fosse et donneraient trop tôt leurs germes en cave.
En ce qui les concerne, on doit avoir recours à la méthode
triangulaire des Anglais. Elle consiste en ceci :

Aussitôt les racines arrachées, en octobre ordinairement,
et toujours par une belle journée sèche, on rogne les
feuilles en ayant soin de ne pas trop entamer le collet. Après
cela, on choisit dans le voisinage de la ferme, dans la cour,
le jardin ou le verger, un emplacement disponible pour y
entasser les racines à la manière des boulets de canon dans
nos arsenaux. On donne au premier lit, c'est-à-dire à celui
qui repose sur la terre, une largeur de trois mètres sur une
longueur qui dépend de l'emplacement ou du chiffre des
provisions. Sur ce premier lit, on en établit un second un
peu moins large que le précédent, et, ainsi de suite jusqu'au sommet du triangle qui ne s'élève guère au-dessus
d'un mètre.

Cette opération terminée, on recouvre le tas de racines
avec de la mousse ou des feuilles sèches, sur lesquelles on
étend une mince couche de paille. En décembre, quand les
fortes gelées menacent, on recharge de paille sur une
épaisseur de 30 à 35 centimètres, et l'on maintient cette
couverture contre les coups de vent au moyen de longs
liens en paille tordue au crochet et croisés en cordons de
souliers, s'il est permis de s'exprimer ainsi. Voilà la méthode expéditive. On pourrait, à la rigueur, apporter plus
de soins à la confection de la couverture, et l'établir,

comme dans le jardinage, pour la conservation des Choux en plein air, c'est-à-dire avec un bâti de perches et des paillassons de chaque côté, en laissant ouvertes les deux extrémités.

On a conseillé aux cultivateurs de placer leurs tas de Choux-navets ou Rutabagas contre un mur et de les abriter par les moyens que nous venons d'indiquer. Les essais n'ont pas été heureux et l'on a dû y renoncer. Il faut à ces racines l'exposition en plein air; elles ne redoutent même pas l'humidité, pourvu que les courants d'air préviennent la fermentation. Nous en avons eu la preuve, nous avons vu la chose, de nos yeux vu. Vous aurez beau, comme on l'a déjà fait, placer des Choux-navets ou des Rutabagas dans une chambre inhabitée, à l'abri des gelées et de cette température tiède de cave qui amène une fermentation trop prompte; vous aurez beau les placer à l'abri d'un mur, vous n'obtiendrez jamais les résultats que l'on obtient d'une conserve battue par tous les vents, et surtout chargée de neige pendant une bonne partie de l'hiver.

Seulement, n'appliquez cette méthode qu'aux Navets et Rutabagas, et gardez-vous bien d'en user à l'endroit des Pommes de terre, Carottes, Panais et Betteraves, car il pourrait vous arriver malheur.

Dans les contrées où sévissent des froids très rigoureux, on met sur la paille qui recouvre les racines, des gazons ou quelques centimètres de terre. A mesure que le froid augmente, on recharge, autrement dit on augmente l'épaisseur de la couche de terre; enfin, lorsque l'intensité du froid est de nature à donner de l'inquiétude, on enveloppe la conserve de racines d'une couche de litière au sortir de l'écurie ou de l'étable, c'est-à-dire toute mouillée. Elle se glace immédiatement et protége on ne peut mieux le tas de racines.

Sixième catégorie

DU CHOU CHINOIS OU PE-TSAI

Chou Chinois. — Nous devons ce légume aux missionnaires; ce sont eux qui nous l'ont apporté, il y a bel et bien des années déjà. Au dire de plusieurs, le Chou de la Chine est la perle des Choux; il est autrement fin que le Milan, le Cabbage et le Spruyt. L'éloge n'est pas exagéré; nous l'affirmons par expérience.

Le Chou Chinois n'est pas précisément une rareté. On le cultive en France et ailleurs dans quelques potagers de châteaux et aussi dans les jardins qui avoisinent nos principaux centres de population; mais cette culture reste stationnaire, ne gagne pas de terrain, ne s'étend pas ou s'étend si peu que ce n'est point la peine d'en parler. Pourtant ce Chou n'est pas difficile sur le terrain; il pousserait en quelque sorte partout; il n'est pas non plus très sensible au froid, puisqu'il résiste à une gelée de 7° cent. Pourquoi donc, cela étant, ne le propage-t-on pas, n'en parle-t-on pas davantage? Nous croyons en savoir la raison. Les jardiniers, dans le principe, ont traité ce légume en enfant gâté; ils l'ont semé sur couche et ont obtenu des plants si tendres, si frêles, si cassants, que l'on ne

savait en vérité comment les prendre et les tenir pour les
repiquer sans les rompre. Cette difficulté devait rebuter
quelque peu les cultivateurs et les a rebutés en effet. Il
faut ajouter à cela un autre inconvénient, c'est que le Chou
Chinois est très sujet à s'emporter et qu'il ne forme pas
la pomme comme on le voudrait. Ces deux raisons ne
doivent pas toutefois nous le faire abandonner, parce que
ses feuilles, même non pommées, sont excellentes et que
les plus difficiles peuvent, à la rigueur, s'en contenter.

CULTURE DU CHOU CHINOIS. — On peut semer ce Chou à
deux époques de l'année, en avril ou mai, soit en place,
soit en pépinière, et en août. Les derniers semis sont ceux
qui réussissent le mieux. Si nous semons en pépinière,
nous arrachons nos jeunes Choux dès qu'ils ont 8 ou 9 centimètres, et, pour cela, nous nous servons d'un morceau
de bois effilé ou du manche d'une fourchette en fer, et
nous opérons une pesée afin de les soulever. Nous les
repiquons à 15 ou 20 centimètres de distance l'un de
l'autre, sur une planche ordinaire du potager; nous pres-
sons légèrement la terre avec la main autour du collet, et
nous arrosons. En opérant ainsi, la reprise se fait bien,
surtout si l'on a eu la précaution de repiquer les plants
au déclin du jour, alors que la chaleur du soleil n'a plus
la force de flétrir les feuilles. On continue les arrosages
deux fois par jour, matin et soir, pendant une semaine, à
moins, s'entend, que le temps ne soit à l'humidité.

Lorsque les jeunes Choux se développent et semblent à
la gêne, on enlève la moitié des plants pour donner de
l'espace aux autres, et l'on se sert des Choux arrachés

pour les besoins de la cuisine, attendu qu'on peut les
manger à tout âge, jeunes ou vieux, pommés ou non pommés. Les Choux restants sont ensuite binés avec soin, le
plus délicatement possible, et se développent à l'aise jusqu'à une hauteur de 40 à 50 centimètres.

On reproche au Chou de la Chine de ne pas pommer
aussi régulièrement que nos Cabus ordinaires et de s'emporter vite. Le reproche est fondé, mais cela tient peut-
être à ce qu'on le sème trop tôt, et peut-être aussi à ce
qu'on est dans l'usage de repiquer cette plante.

Quelques jardiniers n'attendent pas que la formation de
la tête du Chou se fasse librement; ils ramassent les feuilles
et les lient comme s'il s'agissait de coiffer une laitue romaine. Ce procédé fournit des feuilles très délicates, très
tendres, mais ce n'est qu'aux dépens de la saveur. M. Pépin dit avoir récolté des pieds qui pesaient de 2 kil. 1/2 à
4 kil. 1/2, et d'aucuns, parmi ces pieds, avaient un développement de feuilles qui mesurait 1 mètre 10 cent. de
circonférence. Personnellement, nous n'avons pas été à
beaucoup près, aussi heureux que M. Pépin; mais on voudra bien observer que le climat était contre nous. Nos
Choux chinois ne pommaient pas et n'atteignaient pas les
dimensions des romaines.

On assure, d'après des cultures faites sur une petite
échelle, c'est-à-dire parfaitement soignées, que le Chou
de la Chine peut rendre à l'hectare 90,000 kilogr. de fourrage vert. N'allons pas si vite en besogne; avant de nous
occuper de la culture en grand, occupons-nous de la culture
en petit; travaillons pour les gens avant de travailler pour
les bêtes; songeons à la table avant de songer au râtelier.

Une dernière observation en ce qui regarde cette crucifère : sur la foi de son nom, on pourrait croire que le Pe-tsai ressemble à un Chou. Il n'en est rien; ses feuilles se rapprochent surtout de celles du navet, mais elles sont d'un vert plus tendre, et la côte est plus blanche. Tel est le souvenir qui nous en reste. M. Vilmorin nous dit que la plante bien développée a l'aspect d'une laitue romaine et pèse de 2 à 3 kilogr.

Septième catégorie

DU CHOU MARIN OU CRAMBÉ MARITIME

Chou marin *(Crambe maritima).* — Cette plante que nous classons parmi les Choux, uniquement parce qu'on lui donne vulgairement le nom de Chou marin, et qu'elle ne le perdra pas de sitôt, appartient à la famille des Crucifères (grav. 9). Voici la description botanique qu'en donne M. Vilmorin : « — Originaire des sables maritimes de l'Océan et de la Méditerranée. Vivace. Feuilles grandes, épaisses, pétiolées, ovales ou arrondies, quelquefois profondément lobées ou pinnatifides, sinuées, glabres et très-glauques; tige de 1 mètre à 1^m,30, ramifiée, pleine, très-glauque; fleurs en grappes; blanches, portant une odeur de miel prononcée; graine renfermée dans une silique globuleuse indéhiscente, monosperme, épaisse, d'où il est peu facile de l'extraire, déprimée, irrégulière, couverte d'une pellicule très mince sous laquelle se dessine la forme

des cotylédons. La durée germinative est de trois années;
10 grammes contiennent environ 200 graines couvertes
de leur silique avec laquelle on les sème. Le litre pèse
160 grammes. »

Là-dessus, nous ne ferons qu'une observation, c'est
que nous n'avons jamais vu germer de graines de trois ans
et que nous n'oserions pas même répondre de la levée
des graines de 18 mois. Le mieux est de semer celles qui
n'ont pas encore une année.

Le Crambé maritime ou Chou marin est un légume
excellent, très recherché en Angleterre, à peine connu en
France et en Belgique. On ne le rencontre guère que dans
les jardins de grands seigneurs ou dans quelques-uns de
ceux qui avoisinent les grandes villes. Il n'est cependant
pas d'une culture difficile; il est robuste et passe très bien
les hivers sans aucune couverture. Nous en avons vu de
beaux échantillons au château de Mirwart (Belgique), en
pleine exposition du nord; nous en avons cultivé pendant
plusieurs années à Saint-Hubert, et réussissant là, il n'y
a pas de raison pour qu'il ne réussisse point de même
partout. Pourquoi donc ne cultive-t-on pas le Crambé?
Nous allons vous le dire. Premièrement, la plupart des
consommateurs ne le connaissent pas et ne le demandent
pas; en second lieu, les personnes qui le connaissent n'ont
pas la patience de soigner cette plante pendant deux ans
avant de récolter. En jardinage, comme en d'autres opé-
rations, nous voulons des résultats rapides, pour ainsi dire
immédiats; nous sommes pressés de jouir. Or, avec le
Crambé, c'est tout aussi impossible qu'avec les Asperges.
La première année ne compte pas, la seconde non plus;

ce n'est qu'à la troisième année qu'on commence les récoltes, trois ou quatre dans la saison, et pendant sept ou
huit ans de suite, souvent plus. Deux années d'attente
dans la vie d'un homme, qu'est-ce que cela? Soyons donc
moins impatients; ce n'est pas comme s'il s'agissait de
semer un bois de chênes.

CULTURE DU CHOU MARIN. — Choisissez une terre profonde, légère, sablonneuse autant que possible; couvrez-la
à l'automne d'une forte fumure d'engrais d'étable bien
pourri. Aussitôt les beaux jours revenus, en mars ou avril,
selon les climats, bêchez à toute profondeur de fer, ni-
velez avec le râteau, puis tracez au cordeau à 80 centimètres environ l'une de l'autre, des lignes légèrement
marquées, seulement pour vous guider. Sur chacune de
ces lignes, ouvrez avec la main de petits trous distancés
de 12 à 15 centimètres environ; mettez dans chacun d'eux
un peu de terreau bien divisé, placez sur ce terreau 5 ou
6 graines de Crambé et recouvrez. Dès que la pousse se
montrera, vous mouillerez le semis légèrement une fois
par jour, en temps de sécheresse bien entendu, et le matin seulement. Au bout d'un mois, vous éclaircirez; vous
enlèverez à la main les plantes faibles et épargnerez les
plus robustes, de manière à laisser entre elles un espace
de 80 centimètres en tous sens. Au fur et à mesure que
les mauvaises herbes envahiront la planche, vous les ferez
disparaître, et une fois tous les quinze jours vous binerez
délicatement chaque pied de Crambé et l'entourerez avec
deux ou trois poignées de terreau. C'est une plante qui
aime l'engrais et avec laquelle il faut le renouveler assez

6

souvent, si l'on veut de beaux et abondants produits. En
procédant de la sorte, vous obtiendrez une vigoureuse végétation de première année, une belle et forte racine. —
Si l'on voulait du plant à repiquer, au lieu de laisser entre
les pieds 80 centimètres d'intervalle, on n'en laisserait
que 40 et on dédoublerait au mois de septembre. — Le
repiquage des jeunes Crambés réussit difficilement tandis
que les plants de quatre mois et plus reprennent fort bien,
quelle que soit la saison où on les transplante.

N'ayez nul souci de vos Crambés pour l'hiver; ils ne
courent de dangers que dans les terres argileuses ou trop
mouillées; ils n'y gèlent pas; ils y pourrissent.

Au printemps de la seconde année, vous sarclerez et
binerez comme précédemment, et après chaque binage
vous éparpillerez un peu de terreau dans le voisinage des
pieds. Cette pratique n'est pas de rigueur, mais elle a des
avantages et c'est pour cela que nous la recommandons.

Au commencement de la troisième année, dès que les
feuilles se montrent, il faut se méfier des altises et songer
à la récolte. Les feuilles de Crambé ne sont comestibles
pour l'homme qu'à la condition d'être étiolées.

Il y a plusieurs manières d'étioler, et malheureusement,
on a commencé par adopter les procédés les plus coûteux.
C'est ce qui a découragé beaucoup de cultivateurs. On a
pris des cylindres en terre cuite, avec couvercle à la partie
supérieure, ou des caisses élevées s'ouvrant aussi par le
haut, et l'on a appliqué ces cylindres ou ces caisses sur
les pieds de Crambé, de manière à les tenir dans une obscurité profonde. Lorsque les jeunes pousses étiolées avaient
de 20 à 30 centimètres, ce dont on pouvait s'assurer en

soulevant les couvercles, on ôtait cylindres ou caisses, et on coupait les pousses pour les besoins de la cuisine.

Pour notre compte, nous avons reculé devant les frais de cylindres en terre cuite, et, à titre d'essai, nous nous sommes servi de caisses destinées dans le principe à recevoir des fleurs ou des arbrisseaux. Notre échec a été complet; au lieu de végéter, nos Crambés ont pourri, et quand nous les avons découverts, nous n'avons trouvé que de la moisissure et des cloportes. Alors, nous nous sommes rappelé le procédé d'étiolement naturel, et nous nous sommes dit que puisque les habitants du littoral ne consomment que les feuilles cachées par le sable, nous arriverions au même résultat en couvrant nos Choux-marins avec de la terre. En conséquence, nous avons établi des buttes à chaque pied, en prenant soin de les élever tous les deux ou trois jours, à mesure que les extrémités des feuilles de Crambé se montraient. Nous ne rechargions chaque fois que d'une mince couche de terre, de l'épaisseur d'un travers de doigt tout au plus, afin de ne pas étouffer la plante.

Lorsque notre butte est arrivée à une hauteur de 60 centimètres environ, nous la démolissons par la base avec les mains, et les feuilles étiolées nous apparaissent tout entières. Si nous démolissions la butte par le haut, les pousses seraient en grande partie rompues et dépréciées. Nous coupons ces feuilles moins une ou deux du milieu, et nous laissons la souche à l'air.

Au bout de quatre ou cinq jours, la végétation reprend son activité; nous enveloppons la souche de terreau ou nous l'arrosons modérément avec du purin très étendu d'eau, et dès que la terre est convenablement ressuyée, nous formons de nouveau la butte comme la première fois; et ainsi de suite pour une troisième récolte et même pour une quatrième. Mais afin de ne pas fatiguer à l'excès les pieds de Crambé, on se contente de trois récoltes, et peut-être ferait-on mieux de s'en tenir à deux.

Après la dernière coupe, on fume, on arrose et on laisse la plante libre de pousser comme elle l'entend; seulement, par cela même qu'elle a souffert, elle a de la tendance à fleurir vite et ses boutons se montrent avant que les feuilles soient développées. On devra supprimer rigoureusement tous ces boutons, aussi longtemps qu'on en verra se produire; c'est le seul moyen de fortifier la souche et de l'empêcher de périr prématurément. Les seuls pieds de Crambé que l'on doive autoriser à fleurir et à porter graïnes, sont ceux que l'on réserve pour semenceaux et sur lesquels on ne prend aucune récolte.

Le Crambé ne se reproduit pas seulement de graine; on le multiplie encore d'œilletons et d'éclats de racines et de la sorte on gagne une année. Il se reproduit souvent encore de lui même au moyen de ses racines traçantes.

On a dit de ce légume qu'il avait le goût de l'Asperge et et du Chou-fleur; ce n'est pas exact. Cuit au blanc, il a un peu l'odeur de l'Asperge aux petits pois; quant à sa saveur nous ne pouvons la comparer à celle d'aucun autre légume; elle est délicieuse, et c'est là le point essentiel. Le Crambé a en outre le mérite de devancer les Asperges de 10 à 15 jours, et ce mérite vaut assurément la peine d'être pris en considération.

DEUXIÈME PARTIE

INSECTES, MOLLUSQUES, ANNÉLIDES ET MYRIAPODES
NUISIBLES AUX CHOUX

Avant de parler de l'emploi des Choux, nous avons à examiner les différents insectes, mollusques, etc. qui les attaquent. Le nombre en est assez considérable, et les dégâts qu'ils commettent ont de l'importance. Bien certainement, cette partie de notre petit livre laissera beaucoup à désirer, mais ce n'est pas notre faute, on en conviendra, si les naturalistes ne sont pas assez cultivateurs, et si les cultivateurs ne sont pas assez naturalistes. C'est uniquement pour cette double raison que nous rencontrerons de loin en loin des observations contradictoires et des points obscurs que nous ferons en sorte d'éclairer un peu.

Pour ce qui regarde les insectes, nous aurons à vous parler des Altises, de deux Charançons, de l'Élater, et du Hanneton parmi les Coléoptères; du grand Papillon du Chou, du petit Papillon du Chou, du Papillon blanc veiné de vert, de la Noctuelle du Chou, de la Noctuelle gamma, de la Noctuelle potagère et de la Noctuelle des moissons, parmi les Lépidoptères; de la Phytomyze géniculée et de la Tipule potagère, parmi les Diptères; du Puceron du Chou et de la Punaise du Chou, parmi les Hémiptères.

6.

Quant aux Mollusques, les Limaces et les Hélices nous intéressent nécessairement.

Les Annélides nous fournissent enfin un ver de terre qui demande à être étudié, et les Myriapodes appellent notre attention sur les Jules.

§ Ier. — INSECTES

Altises. — Nous nommons Altises de tout petits insectes vulgairement appelés *puces de terre, tiquets, alirettes, mouchettes,* etc. Elles recherchent surtout les plantes de la famille des Crucifères, et, à ce titre par conséquent, elles n'épargnent point les Choux. Le genre Altise comprend un très grand nombre d'espèces, mais nous n'avons à nous plaindre que de cinq, qui sont : 1° l'Altise du Chou (*Altica brassicæ*), 2° l'Altise noire (*A. atra*), 3° l'Altise potagère (*A. oleracea*), 4° l'Altise des bois (*A. nemorum*), 5° l'Altise flexueuse (*A. flexuosa*). La première est noirâtre, avec deux petites lignes longitudinales jaunes, placées bout à bout, et n'a pas plus de 2 millimètres de longueur; la seconde est un peu plus grande et d'un noir brillant; la troisième, d'un verdâtre brillant, atteint 3 millimètres; la quatrième est noire et porte sur chaque élytre une bande jaune et droite, dans le sens de la longueur; la cinquième enfin, qui affectionne particulièrement le Chou de la Chine, est noire aussi et porte également une bande jaune sur ses élytres flexueuses.

Les Altises, quoique très-répandues, n'ont pas encore été étudiées d'une manière satisfaisante. Curtis nous dit que si le printemps est chaud, les Altises des bois s'accouplent d'avril en septembre, que la femelle dépose ses œufs sur le revers des feuilles rugueuses des turneps, que les œufs sont très petits, lisses et un peu de la couleur de la feuille, qu'ils éclosent au bout de dix jours, que les petites larves commencent de suite à manger sous la pellicule inférieure et à former des galeries tournantes dont la pulpe détachée les nourrit. Il ajoute que les galeries sont assez visibles à l'œil nu lorsque les larves les ont abandonnées et que les pellicules sont devenues blanches et décolorées, mais que dans leur premier âge on les découvre difficilement, et qu'il faut regarder la feuille de très près et l'exposer à la lumière pour les apercevoir. En six jours environ, les larves, assure-t-on, auraient pris toute la nourriture dont elles ont besoin, et alors elles s'enfonceraient en terre à la profondeur de 5 centimètres au plus, près de la racine où les feuilles des turneps les protègent contre la sécheresse et l'humidité. C'est là qu'elles se changent en chrysalides; elles restent une quinzaine de jours en cet état, et après cela, l'insecte parfait sort de terre. Cet insecte parfait passerait l'hiver engourdi sous des écorces d'arbres soulevées, sous des feuilles tombées, etc. et se réveillerait aux premières chaleurs du printemps.

M. le docteur Candèze nous dit de son côté, à propos de l'Altise du Chou, que la femelle pond ses œufs au printemps, sur les jeunes feuilles de cette plante, que les petites larves nées de ces œufs, s'enfoncent dans le parenchyme de la feuille, qu'elles rongent en y ouvrant de nombreuses galeries; que ces larves arrivées à leur complet développement, se laissent tomber, entrent dans le sol pour se métamorphoser, et attendre le retour de la belle saison.

Ces explications, qu'on nous permette de le faire observer, peuvent être d'une exactitude parfaite, mais elles n'empêchent pas les Altises de dévorer lestement nos Choux au printemps, au moment de la levée, et parfois même les plants repiqués, d'une certaine force, mais c'est le cas le plus rare. Nous constaterons, en passant, que ces insectes touchent fort peu aux semis de Choux faits près d'un mur ou d'une haie, tandis qu'ils ravagent ceux qui ont été faits en terrain découvert. Nous ajouterons que les semis de mars, avril et mai sont exposés surtout à leurs dégâts, et qu'à partir de juin, ils deviennent si rares qu'on ne s'en préoccupe plus guère.

Arrivons aux moyens indiqués pour prévenir ou pour combattre les ravages des Altises.

M. Huart-Chapel a écrit ce qui suit dans le *Journal d'Agriculture pratique*, que Ch. Morren publiait autrefois à Liège : — « Pour empêcher mes Navets, mes Choux et les Crucifères en général d'être dévorés par les Altises, je mêle de la fleur de soufre à la semence quelques jours avant de semer ; j'ai soin d'agiter la graine avec le soufre afin qu'elle en soit bien couverte. Jamais, dans ma longue expérience, je n'ai vu mes feuilles endommagées. Il y a plus, il m'était resté une partie de ma semence de Navet dans le soufre de l'année 1848, je l'ai fait semer en 1849 ; ce semis a parfaitement levé, aussi vite que la graine de l'année, et a produit une très bonne récolte.

« J'engage beaucoup les cultivateurs à suivre ce procédé si facile et si utile. La fleur de soufre ne coûte pas cher. Il n'en faut pas plus que ne coûte le pralinage des graines. J'entends par-là qu'il faut que la graine soit bien couverte

de toutes parts de cette poudre. Il est facile de s'en assurer par la couleur de la graine après l'opération.

« Je sais bien qu'il est toujours difficile à la physiologie
végétale d'expliquer comment le soufre déposé sur ces
graines, dont les enveloppes restent en terre, peut agir sur
de jeunes plantes qui n'en sont pas recouvertes, mais il me
semble qu'il faut d'abord se demander si ce soufre qui
reste dans la terre n'agit pas pour éloigner les insectes.
Tout prouve que ceux-ci ont l'odorat très développé, et si
le soufre ne sent pas pour nous, rien ne nous dit que les
insectes ne le sentent pas. Dans ces sortes de matières,
l'expérience est le fait principal, et de celle-là nous garantissons l'efficacité. »

Nous n'avons pas eu recours à l'emploi de ce moyen
préventif, et par conséquent nous ne le cautionnons point.
Toutefois, nous devions l'indiquer, car il vaut mieux s'exposer à perdre quelques lignes, que de passer sous silence
une recette qui nous promet des avantages considérables.
Si cette recette n'a pas l'efficacité qu'on lui attribue, on
nous tiendra compte de notre réserve; si, au contraire, elle
possède cette efficacité, on nous saura gré de l'avoir publiée.

M. Paul Thenard, dans ces dernières années, a conseillé
de répandre sur les plantes attaquées par les Altises, de la
sciure de bois imprégnée de coaltar ou goudron de houille.
A défaut de sciure, rien n'empêcherait de mélanger le
coaltar avec de la terre légère. Les résultats ne sont pas
aussi concluants qu'on l'avait affirmé.

On a recommandé aussi de se servir de la brouette de
Hamer ou *puceronien*, espèce de petite charrette, dont

le fond rapproché de terre est enduit de goudron minéral ou végétal. Au passage de l'instrument, les Altises sautent et se collent au goudron. On reproche à ce moyen d'exiger trop de main-d'œuvre.

On a recommandé d'arroser fréquemment les semis attaqués. Le procédé est excellent, car les Altises n'aiment pas l'eau, mais il n'est ni expéditif, ni économique.

M. le docteur Candèze nous dit : — « Il paraît que l'infusion d'absinthe répandue sur les plantes, chasse les Altises d'une manière complète. » On fait bouillir de l'eau dans une chaudière; puis, dès qu'elle bout, on y met autant de livres de tiges et de feuilles d'absinthe qu'il y a de seaux d'eau dans la chaudière. On retire cette chaudière du feu; on laisse infuser deux ou trois heures; on ajoute même à l'infusion quelques onces d'aloès hépatique, et lorsque le liquide est refroidi, on arrose le semis.

Beaucoup de cultivateurs se contentent de saupoudrer les jeunes plantes avec de la cendre vive de bois ou de la chaux en poudre. Quelquefois, on réussit, mais très souvent ces procédés n'ont pas l'efficacité désirable.

M. Ch. Goureau nous dit : — « On a recommandé d'arroser les plantes envahies par ces insectes avec un liquide formé d'un mélange de 1 kil. 250 gr. de savon noir, 1 kil. 250 gr. de soufre, 1 kil. champignons de bois ou de couche et 60 litres d'eau. On met d'abord dans 30 litres d'eau le savon et les champignons concassés; on fait bouillir dans 30 litres d'eau le soufre renfermé dans un sachet de toile; on mélange les deux liquides, qu'on laisse fermenter jusqu'à ce qu'il s'en élève une odeur infecte; puis on arrose avec cette eau.

Enfin, il nous est arrivé de chasser les Altises qui cou-
vraient des Choux repiqués, au moyen d'un mélange d'urine
humaine et d'eau de savon en fermentation; mais nous
n'avons pas eu le même succès sur des jeunes Choux de
semis.

Charançon cou sillonné (*Ceutorhynchus sulcicollis*).
— Ce Charançon ou Ceutorynche sulsicolle n'a pas été aussi
bien étudié qu'il est permis de le désirer, et la preuve de
ceci, c'est que les descriptions des entomologistes sont en
désaccord entre elles sur quelques points importants.

M. Candèze rapporte qu'il apparaît à la fin de mai; que
la femelle pond ses œufs au pied des jeunes Choux; que
les larves écloses gagnent les racines, y forment des excroissances de la grosseur d'un pois où elles passent l'été et
l'automne; qu'elles en sortent et restent en terre à l'état
de nymphes pendant les mois de décembre et janvier.

M. Goureau nous dit, de son côté, que le Charançon cou
sillonné n'apparaît à l'état d'insecte parfait qu'au commencement de juillet au lieu du mois de mai, que cet insecte
parfait a 3 millimètres de longueur, qu'il est noir et recou-
vert d'une pubescence gris jaunâtre, que son rostre est
long, que sa tête et son corselet sont ponctués.

Quoiqu'il en soit, il reste parfaitement démontré que le
petit Charançon dont il est question ici, perce les tiges de
Choux, que la femelle pond un œuf dans chaque trou, que
cet œuf donne naissance à une larve blanche, que cette
larve vit aux dépens de la substance du Chou et reste cour-
bée dans sa cellule, que la sève gênée dans son parcours
s'amasse autour de chaque cellule et forme un renflement

tuberculeux qui porte en certains endroits le nom de *boulet*,
et que ces renflements sont parfois très nombreux, et
d'autant plus que la plante a plus souffert dans sa végétation, par une cause quelconque. Il reste également démontré que la larve ou ver du Charançon sort de sa cellule
après son complet développement, descend dans le sol et
s'enveloppe de particules terreuses, que dans cette enveloppe, elle se transforme en nymphe, puis au bout d'un
certain temps en insecte parfait. Or, il est clair, d'après cela,
que la larve du Charançon cou sillonné ou Ceutorynche
sulsicollé est bien celle qui détermine des tubercules sur
la tige de nos Choux, et que MM. Moreau et Däverne ont
dû commettre une erreur en attribuant la chose à ce qu'ils
appellent le *ver gris*. D'après Bosc le ver gris, de nos maraîchers est la chenille de la Noctuelle potagère; d'après
M. Boisduval, c'est la chenille de la Noctuelle des moissons *(agrotis segetum)*; d'après M. Guénée, c'est la chenille d'une autre Noctuelle *(agrotis exclamationis)*. Au
résumé, le ver gris est certainement la chenille plus ou
moins grise d'un papillon, d'une Noctuelle, et cette chenille qui atteint de 40 à 50 millimètres ne saurait être confondue avec une larve de Charançon dont la plus grande
longueur ne dépasse pas 4 millimètres et qui est de couleur
blanche. On voudra bien remarquer d'ailleurs que le ver
gris coupe les plantes au collet, tandis que la larve du Charançon cou sillonné détermine seule des tubérosités ga-
leuses sur la tige des Choux ou à la partie supérieure des
racines de Navets.

Maintenant qu'il n'y a plus de confusion possible et
que nous connaissons l'insecte auquel nous avons affaire,

il faut se demander s'il existe des moyens de prévenir ou de combattre ses ravages. Or, selon nos propres observations, les Choux les plus exposés aux attaques du Charançon cou sillonné, sont ceux qui ont le plus souffert dans le cours de leur végétation, notamment de la sécheresse. Nous en avons eu la preuve avec des Choux-fleurs. Une année, à Saint-Hubert, une planche de nos Choux-fleurs fût très-négligée parce qu'elle était éloignée du puits, tandis que d'autres planches, rapprochées de ce puits, reçurent de l'eau en quantité convenable; eh bien, les Choux de la planche négligée se couvrirent à leur collet d'un nombre prodigieux de renflements, tandis qu'il ne s'en produisit pas un seul sur les collets des Choux des autres planches. Une seule observation n'a pas grande valeur, nous le savons; cependant, celle-ci est significative.

On a conseillé de rouler très énergiquement les terrains infestés par les larves du Charançon, et de pratiquer ce roulage en décembre et janvier, époque où l'insecte est à l'état de nymphe. Ces nymphes de Charençons sont très-molles, peu enterrées, et l'on comprend, en effet, qu'une forte pression exercée à propos puisse en écraser un grand nombre.

Charançon chlore. Bosc a parlé d'un autre Charançon dans les termes suivants : — « Il a le dessus du corps d'un vert obscur ou d'un bleu noirâtre, et le dessous noir. Sa larve vit dans le tronc des Choux, qu'elle perfore dans tous les sens.

« Cet insecte n'avait encore été observé que par les naturalistes, et passait même pour rare parmi eux, jusqu'à l'an-

7

née 1804, qu'il a infesté les jardins de Versailles et environs, au point de réduire à moitié la récolte des Choux. L'insecte parfait les couvrait en mai, et sa larve les minait déjà en juin... Les Choux qui en étaient médiocrement attaqués étaient petits, difformes, jaunâtres, sans saveur. Ceux qui l'étaient beaucoup sont morts sur pied ou ont été cassés par les accidents ou l'effort des vents; leur tige, ordinairement si solide, cédait au moindre effort. Cette larve n'attaque point les feuilles.

« Il n'y a que deux moyens de s'opposer aux ravages de cet insecte. C'est au moment où ils s'accouplent, et où, comme je l'ai dit, ils couvrent les feuilles de Choux, de les faire tomber sur des serviettes qu'on étend dessous chaque Chou, et de les brûler. Le second, c'est d'arracher les Choux dont leurs larves dévorent les tiges, avant que ces mêmes larves soient transformées, c'est-à-dire avant le mois d'août, et de les donner à manger aux animaux. Ce dernier moyen diminue, il est vrai, la valeur du Chou; mais l'intérêt de l'avenir oblige d'y avoir recours. »

Taupins (*Elater*). Voici la description qu'en donne M. Ch. Goureau dans son livre sur les Insectes nuisibles : — « Les Coléoptères appelés vulgairement *Maréchaux, Toque-marteaux, Taupins*, et en latin *Elateri*, se rencontrent communément dans la campagne et sont faciles à reconnaître à leur forme allongée, étroite et déprimée, à leurs pattes courtes et à leur propriété de sauter, lorsqu'on les place sur le dos, en faisant entendre un petit bruit comme un coup de marteau; ils exécutent ce saut pour se retourner et se remettre sur leurs pattes. »

Un peu plus loin, le même auteur décrit ainsi leurs larves : — « Ces larves sont filiformes, allongées, luisantes, à
peau écailleuse, de couleur jaunâtre, formées de douze segments, sans compter la tête, qui est aplatie en forme de
coin, armée de deux mandibules et pourvue de deux petites
antennes de trois articles et de deux palpes de quatre articles; elles ont six pattes thoraciques et un mamelon anal
faisant l'office d'une septième patte; le dernier segment
d'où sort ce mamelon est plus long que les autres et de
forme conique. Ces larves ressemblent beaucoup pour la
forme, la couleur et la peau écailleuse, à celles qui vivent
dans la farine et qu'on appelle *vers de farine*, lesquelles
produisent le Ténébrion meunier (*Tenebrio molitor*). »

Il existe plusieurs espèces de Taupins, mais celui dont
nous avons le plus à nous plaindre, est le Taupin obscur
(*elater* ou *agriotes obscurus*). Il a environ 9 millimètres
de longueur; il est brun et couvert d'une pubescence jaunâtre; sa larve ou *ver jaune*, comme nous la nommions
vulgairement en Ardenne, est deux fois plus longue que
l'insecte parfait, et passe cinq années en terre dans cet
état de larve, car elle se développe lentement. C'est ce qui
explique les nombreuses différences de grandeur que l'on
observe chez les vers jaunes. Les plus petits sont les plus
jeunes, les plus gros sont ceux qui ne tarderont guère à se
métamorphoser en Taupins. Ces larves proviennent de
petits œufs pondus par les femelles de Taupins. Quand elles
ont atteint leur complet développement, elles descendent
très-bas dans la terre, se changent en chrysalides vers la
fin de juillet ou au commencement d'août, et en insectes
parfaits quelques semaines plus tard.

Les naturalistes nous entretiennent bien des dégats que les larves de Taupins font dans les champs de céréales, mais ils gardent le silence sur ceux qu'elles font dans les jardins. Cependant, ils sont considérables, et nous en avons tellement souffert dans nos cultures potagères de Saint-Hubert que nous pouvons en parler en connaissance de cause. Il nous a fallu chaque année, défendre pied à pied nos Laitues, nos Rutabagas, nos Choux en général et surtout les Choux-fleurs, contre ces maudites larves si communes dans l'Ardenne belge et si rares aux environs de Paris.

Les hommes de science ont avancé avec quelque raison que les larves des Taupins ne vivent que de végétaux en décomposition. Cette assertion n'est pas rigoureusement exacte; elles attaquent de temps en temps des racines qui se portent bien; elles abandonnent celles des plantes qui viennent de mourir; mais enfin elles ont une préférence marquée pour les plantes qui souffrent. Ainsi, presque toujours, on les rencontre dans les planches du potager après le repiquage, dans l'intervalle qui sépare le repiquage du moment où la reprise a lieu. Alors, il y a altération des tissus végétaux; il y a malaise, il y a souffrance; quelques racines pourrissent et vont faire place à d'autres. Elles recherchent non les parties pourries, mais les parties vivantes des plantes maladives; ce ne sont pas les insectes des morts, ce sont les insectes de ceux qui souffrent.

Nous écrivions ce qui suit à la fin de mai 1856, à l'occasion des larves de l'Élater qui nous donnaient alors une rude besogne : — « Pour les éviter le plus possible, il convient de bien choisir son moment pour les repiquages, afin que les plantes souffrent à peine de cette opération. Malheureusement, ne choisit pas qui veut. Une température douce et un temps pluvieux, voilà d'excellentes conditions pour réussir, pour hâter la reprise des végétaux transplantés. Nous avons bien le temps pluvieux, mais nous n'avons pas la température douce : c'est pourquoi la reprise de nos plantes se fait avec une lenteur désespérante; c'est pourquoi leur état de santé ne se rétablit pas selon nos désirs ; c'est pourquoi enfin elles allèchent tant les larves. Il ne se passe pas de semaine que nous n'ayons à déchausser trois ou quatre fois nos végétaux repiqués, pied par pied, et, à chaque fois, nous y rencontrons, à un ou deux pouces en terre, de deux à cinq vers jaunes. Au fur et à mesure qu'on en fait disparaître, il en revient, et pour peu que cela continue, les frais de main-d'œuvre mangeront la récolte et au-delà.

Nous ajoutions ceci : — « Puisque les plantes maladives et d'une reprise lente, sont surtout l'objet de la voracité des larves, il serait bon de ne transplanter que des plantes fraîches, et, pour ainsi dire, tout de suite après l'arrachage. De là l'avantage de créer des pépinières chez soi et de ne pas relever des marchands qui nous livrent des sujets arrachés depuis huit ou quinze jours. En voici une preuve entre mille : — Nous avons, côte-à-côte, des Choux-fleurs venus de Liége et des Choux-fleurs élevés dans nos couches. Les premiers nous ont donné sans exagération de dix à douze vers jaunes par pied; les deux tiers des seconds ont été complétement épargnés. Les premiers sont jaunâtres et languissent; les seconds souffrent à peine. »

On voit par cette citation d'un écrit qui a huit ans de date,

combien nous étions tourmenté par les larves de Taupins,
et l'on se demande comment il se fait que les entomologistes n'aient pas même songé à les ranger parmi les plus
grands dévastateurs des Choux. Quant aux moyens de les
détruire, nous ne sommes pas plus avancé aujourd'hui que
nous ne l'étions alors; si nous avions encore à nous en
plaindre, nous nous bornerions à déchausser le pied des
Choux avec la main ou avec un outil, à saisir les larves et
à les rompre en deux, au risque de nous salir les doigts au
contact de la matière laiteuse qui sort de leur corps.

Hanneton *(Melolontha vulgaris).* — A l'état d'insecte
parfait, le Hanneton commun (grav. 10) ne touche pas aux
Choux; mais à l'état de larve il les maltraite un peu, de
temps en temps. C'est cette larve (grav. 11) que l'on
appelle vulgairement *ver blanc, man, turc,* et aussi *cotte-
reau (cotteria)* sur quelques points de la Bourgogne. Nous
avons un intérêt évident à étudier le hanneton.

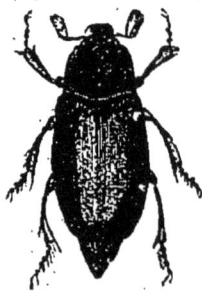

Grav. 10. — Hanneton.   Grav. 11. — Larve.

Cet insecte est physiquement trop connu pour qu'il soit
nécessaire de tracer son portrait. Nous nous bornerons à dire

qu'il apparaît dans le courant de mai et ne disparaît qu'à la
fin de juin. La femelle recherche les terres meubles, y ouvre
avec ses pattes un trou de 10 à 20 centimètres de profondeur, et pond au fond de ce trou, d'après M. Goureau, de
12 à 30 œufs de la grosseur d'un grain de chènevis environ
et d'une couleur blanc-jaunâtre. Aussitôt la ponte achevée,
la mère meurt dans sa galerie et ne survit guère au mâle
qui, lui, meurt après l'accouplement. Les œufs de Hannetons produisent, au bout de cinq à six semaines, de petites
larves qui, pendant la belle saison, vivent en famille et aux
dépens des racines qui se trouvent à leur portée. Arrive
l'hiver, et les larves en question s'enfoncent en terre le plus
possible afin d'échapper aux rigueurs de la saison et passent cette saison dans un état d'engourdissement. Au printemps, elles sortent de leur léthargie, se rapprochent de
la surface du sol et se séparent. La vie de famille qui a duré
quelques mois, est pour toujours rompue; chacune d'elles
creuse des galeries et va ainsi à la recherche des racines
qui lui conviennent le mieux. Dès que l'hiver s'annonce,
toutes s'enfoncent dans les profondeurs du sol, mais isolé-
ment. — « A l'automne de leur troisième année, rapporte
M. Goureau, elles s'enfoncent plus profondément que de
coutume et se creusent une petite cellule dans laquelle elles
ne tardent pas à se changer en chrysalides. Cette larve par-
venue à cette période de sa vie a acquis toute sa grandeur.
Elle a 45 millimètres de longueur; elle est blanche, arquée,
grosse et plissée sur le dos; sa tête est écailleuse, jaunâtre,
pourvue de deux fortes mandibules et de deux petites antennes. Le corps est formé de douze segments plissés trans-
versalement, armé despinules sur le dos; le dernier est plus

long, plus gros que les autres, rempli d'une matière noirâtre.

« La chrysalide se transforme en Hanneton à la fin de mars ou au commencement d'avril de la quatrième année. Ce dernier se raffermit peu à peu, prend de la force et se met à creuser une galerie pour sortir de la terre et prendre son essor. »

Quand on laboure le potager, il va sans dire qu'on doit détruire toutes les larves de Hannetons que l'on rencontre ; mais ce moyen n'est pas très-efficace. On a proposé de respecter les Taupes qui, assure-t-on, vivent de ces larves, bien que le contraire ait été soutenu à la suite d'expériences faites à l'Institut de Grignon. Mais alors même que la destruction serait prouvée, il nous semble qu'en encourageant la multiplication des Taupes, on ne ferait que substituer un mal à un autre. Le mieux, à notre avis, serait de détruire les Hannetons pour se préserver de leurs larves, et nous ne nous expliquons pas que les cultivateurs n'aient point encore eu cette pensée. S'ils voulaient prendre la peine de se concerter et d'agir en commun dans le sens que nous indiquons, on obtiendrait bientôt des résultats décisifs. La chasse aux Hannetons, pendant le jour, est facile, et en peu de temps, on viendrait à bout de s'en défaire, et, après cela, les défenseurs des Taupes auraient perdu leur principal argument.

Grand Papillon du Chou (*Pieris brassicæ*). — Le grand Papillon du Chou, que l'on nomme aussi *Piéride du Chou* (grav. 12), voltige dans nos jardins aussi longtemps que la belle saison dure, et est certainement connu de tous nos lecteurs. Voici son portrait d'après M. Goureau : — « Il

Grav. 12. — Piéride du Chou à ses divers états (grandeur naturelle . — 1, Papillon volant ;
— 2, Papillon en repos ; — 3, Chenille jaune ; — 4, Chenille plus développée ; — 5, 6, Chrysalide ou Nymphe.

7.

a 25 à 30 millimètres de largeur, lorsque ses ailes sont étendues. Le corps est noir, couvert de poils blancs ; les antennes sont annelées de noir et de blanc ; les ailes sont blanches ; les supérieures ont l'extrémité et une partie du bord postérieur noirâtres ; celles de la femelle ont en outre trois taches noires au milieu. »

Le même auteur rapporte que cette femelle pond au revers des feuilles du Chou, des œufs d'un blanc jaunâtre, disposés par plaques les uns à côté des autres, qu'il en sort de petites chenilles très voraces qui atteignent leur entier développement en moins de deux mois, que ces chenilles entièrement développées ont de 18 à 20 millimètres de longueur, qu'elles sont d'un cendré bleuâtre, avec trois raies jaunes longitudinales, une sur le dos et une de chaque côté du ventre, et, qu'entre ces raies, on remarque des points noirs tuberculeux plus ou moins grands, du centre de chacun desquels sort un poil. Cette chenille née en juin, par exemple, se change en chrysalide dans le mois d'août, devient papillon en septembre, et ce papillon fait sa ponte, les œufs éclosent, une nouvelle génération de chenilles se produit, et celles-ci passent l'hiver après s'être métamorphosées en chrysalides lorsqu'elles en ont eu le temps ou en se cachant de leur mieux quand l'hiver ne leur a pas laissé le loisir de se métamorphoser. Nous les retrouvons à l'état de papillons en mai ou en juin.

C'est à l'état de chenille que le grand Papillon du Chou nous cause de sérieuses inquiétudes. Nous aurons à parler plus loin des moyens de le combattre ; pour le moment, on nous permettra de signaler les autres papillons dont nous avons encore à nous plaindre.

Petit Papillon du Chou (*Pieris rapæ*). — C'est le nom vulgaire de la *Piéride de la Rave* (grav. 13 et 14). Ce Papillon est plus petit que le précédent. M. Goureau nous le dépeint ainsi : — « Le mâle est blanc; les ailes supérieures ont l'extrémité noire, poudrée de blanc; les inférieures ont une tache noire en dessus. La femelle est semblable et porte deux taches noires pareilles sur le milieu des ailes supérieures, le dessous des mêmes est blanc, l'extrémité jaune et deux taches noires au-delà du milieu, l'inférieure quelquefois presque oblitérée; les ailes inférieures sont jaunes en dessous, tachées de blanc. »

Grav. 13. — Chenille de la Piéride de la Rave.

Grav. 14. — Chrysalide de la Piéride de la Rave.

La chenille de ce Papillon est verte et comme veloutée, avec une raie jaune le long du dos et une autre de chaque côté. Le ventre est d'un vert pâle et luisant; elle est plus longue que celle de la Piéride du Chou.

Papillon blanc veiné de vert (*Pieris napi*). — Il est décrit en ces termes par le docteur Candèze : — « La Piéride du Navet a les ailes blanches, légèrement cendrées à la base; les supérieures sont marquées, chez les femelles, de deux taches noires et d'une raie terminale de même couleur; chez les mâles, elles sont quelquefois entièrement blanches, quelquefois marquées d'une seule tache noire. Les quatre ailes sont veinées de verdâtre en dessous.

chenille est toute verte et couverte de poils courts. » Tous
les horticulteurs connaissent cette chenille, que sa couleur
d'un vert velouté rend difficile à découvrir sur des feuilles
à peu près de la même teinte.

Noctuelle du Chou (*Noctua brassicæ*). — Nous venons
d'indiquer les papillons de jour nuisibles aux Choux; pas-
sons maintenant aux papillons de nuit. La Noctuelle du
Chou est de ceux-là; elle a 4 centimètres d'envergure;
ses ailes du dessus sont brunes, traversées par des lignes
onduleuses, noirâtres et blanches, et marquées vers le milieu d'une tache grisâtre en forme d'ovale. Les ailes du
dessous sont brunes et n'ont pas de tache. « La chenille
de cette Noctuelle, dit M. Candèze, est d'un gris jaunâtre
marbré de brun, ou d'un vert foncé marbré de noir, ornée
de cinq raies longitudinales, dont trois d'une teinte pâle,
sur le dos, les deux autres blanchâtres, placées latérale-
ment. » Elle commence ses ravages sur les feuilles extérieures du Chou, puis elle finit par attaquer le cœur et
échappe ainsi à notre surveillance. Vers la fin de septembre, elle abandonne le Chou, se retire dans la terre, s'y
transforme en chrysalide et passe l'hiver en cet état.

Noctuelle gamma (*Plusia gamma*). — C'est un char-
mant papillon, de la taille de la Noctuelle du Chou ou à peu
près; ses ailes supérieures, grises et soyeuses, sont mar-
brées de brun, de noirâtre, de bronzé, et portent à leur
centre un signe qui, à lui seul, suffit pour le faire reconnaître. Ce signe ressemble au *gamma* de l'alphabet grec,
ou se rapproche un peu de notre *y*. Les ailes du dessous

sont d'un gris nuancé de jaune et de bronzé vers leur point
d'attache, brunâtres vers le pourtour et bordées d'une
frange blanchâtre et noire. La chenille de la Noctuelle
gamma est d'un vert d'herbe avec six lignes longitudinales
très fines, de couleur blanchâtre ou bleuâtre, et deux lignes
latérales jaunes. En 1735, au rapport de Réaumur, elle
commit de très grands dégâts dans les potagers, mais d'ordinaire elle n'est pas trop à craindre.

Noctuelle potagère (*Hadena oleracea*). Ce papillon est
de la même taille que les deux précédents. Ses ailes supérieures sont d'un brun ferrugineux; elles se font remarquer, dit M. Goureau, par un petit anneau ovale blanchâtre, placé au milieu, une tache presque réniforme, jaune,
un peu plus bas, et une ligne transversale blanche près du
bord, qui forme un M à son milieu. Les ailes inférieures
sont grises avec le bord obscur, et une ligne courte arquée,
peu marquée vers le milieu. »

La chenille de cette Noctuelle, dans sa jeunesse, est d'un
vert jaunâtre, mais plus tard, elle devient d'un vert foncé,
avec cinq raies longitudinales, dont trois blanches et deux
jaunes; plus tard encore, après sa dernière mue, elle passe
au brun rougeâtre, et les raies s'effacent. Elle s'enterre
pour se métamorphoser.

Noctuelle des moissons (*Agrotis segetum*). — C'est
un papillon, dont les ailes supérieures sont d'un gris foncé
et les inférieures blanches, que l'on aperçoit en grand
nombre au-dessus des haies, après le coucher du soleil,
pendant les mois de juin, de juillet et même d'octobre. —

« La femelle, dit M. Goureau, dépose ses œufs dans la
terre au mois d'août au plus tard. Les jeunes chenilles
éclosent au bout de dix ou quinze jours et passent l'hiver
en atteignant une longueur de 40 à 45 millimètres; elles
sont lisses, luisantes, d'une couleur d'ocre pâle et lucide,
légèrement roux, avec un large espace sur le dos souvent
rosé, et quelques poils courts épars sur le corps. » Le
docteur Candèze dit que la chenille est rose, rayée longi-
tudinalement de brun et de gris obscur avec une bande
dorsale gris clair.

Cette chenille que l'on assure être le *ver court* ou *ver
gris* des maraîchers, vit dans la terre et coupe les racines
au collet.

A présent que nous connaissons nos ennemis parmi les
Lépidoptères, il s'agit de rechercher les moyens de s'en
défaire. Le premier de tous consiste à respecter les insectes
qui sont en guerre continuelle avec eux, mais pour les
respecter, il faudrait d'abord les connaître et admettre,
pour cela, qu'un peu d'histoire naturelle ne serait pas inutile à nos cultivateurs. Il ne nous appartient pas de l'enseigner ici, et nous nous bornons à citer nos auxiliaires.

Le *Microgaster glomeratus*, et le *Pimpla instigator* sont
deux Ichneumons, dont les femelles pondent leurs œufs
dans le corps des chenilles du grand Papillon du Chou. Les
larves y éclosent et en vivent. Le *Pteromalus larvarum*
pique les chrysalides de ce même Papillon et dépose aussi
ses œufs dans la plaie; le *Doria concinnata* est également
considéré comme un parasite de ce Papillon.

Les ennemis du petit Papillon du Chou sont le *Doria
concinnata* que nous venons de citer et le *Phryxe pieridis*.

Le Papillon blanc veiné de vert est attaqué dans sa chrysalide par l'*Hemiteles melanarius*.

La Noctuelle du Chou a pour ennemis naturels plusieurs mouches, mais notamment une espèce de la tribu des *Tachinaires* qui pond ses œufs sur le corps de la chenille. Ces œufs éclosent, les petites larves percent la peau de la chenille, vivent de sa substance et ne la quittent que pour aller se métamorphoser dans la terre, à côté de leur victime. M. Goureau a donné à cette mouche le nom de *Tachina hadenœ.*

La Noctuelle gamma, ou plutôt sa chenille, est rongée par une autre mouche que M. Goureau a appelée *Tachina micans*. Cette mouche pond et colle fortement ses œufs sur la peau de la chenille.

Quels que soient les services rendus par les parasites, nous ne pouvons pas compter exclusivement sur eux pour nous débarrasser des chenilles nuisibles aux Choux, et nous devons leur venir en aide. Il convient donc de tuer les Papillons chaque fois que nous pouvons les saisir dans le jour, et nous croyons avec Bosc que des feux de nuit, allumés à propos, auraient l'avantage de nous délivrer d'un grand nombre de Lépidoptères nocturnes qui viendraient s'y brûler; mais la chasse aux Papillons avec les filets ou avec les feux ne se généralisera point, et nous perdrions notre temps à la recommander. On veut des moyens plus pratiques, plus expéditifs et l'on a raison.

On a passé en revue différents végétaux auxquels ne touchent pas les chenilles, et l'on s'est dit, par exemple, que si ces chenilles respectent le chanvre, la fougère et l'aune, jusqu'à un certain point, c'est que, vraisemblablement,

les plantes en question leur déplaisent, et, tout aussitôt, l'on
a conseillé aux cultivateurs d'élever quelques pieds de
chanvre parmi les Choux, ou d'étendre sur ces Choux des
feuilles de fougère et des rameaux d'aune. Pour notre
compte, nous avons suivi ce conseil, parce qu'il nous paraît sage de n'en condamner aucun à la légère; et aujour-
d'hui, nous avons le droit d'avancer que les moyens recom-
mandés ne mènent à rien.

Quelques personnes ont conseillé de semer parmi les
Choux les balles et débris du chanvre que l'on a battu pour
séparer la graine. Nous n'avons pas eu l'occasion de faire
l'essai de la chose, qui peut être bonne, et nous nous contentons d'enregistrer la recette.

On a supposé que les papillons diurnes s'éloignaient des
corps blancs, et nous connaissons des cultivateurs qui le
croient et le prouvent en plaçant des coquilles d'œufs de
poule au-dessus de baguettes fichées en terre dans les
plantations de Choux. Nous avons imité ces cultivateurs,
et nous déclarons humblement que les coquilles d'œufs ne
font pas peur aux Piérides.

Le mieux encore, jusqu'à présent, est de s'en tenir aux
moyens en usage de temps immémorial, et qui consistent à
rechercher d'abord les œufs de chenilles au revers des
feuilles de Choux et à les écraser ensuite, à rechercher les
chenilles sur les feuilles ou dans la terre pour les écraser
également. Cette besogne exige du temps et de la patience,
mais comme elle n'est réellement nécessaire que dans le
potager, on peut s'imposer ce sacrifice avec profit. Les Choux
cultivés en plein champ, bien à découvert, ne sont jamais
aussi exposés aux ravages des chenilles que ceux du jardin.

Il est parfois difficile d'enlever les chenilles qui se trouvent dans l'intérieur du Chou, à la base des feuilles ; on ne peut y introduire la main et les saisir avec les doigts. Dans cette situation embarrassante, il faut prendre une baguette de bois que l'on fend sur une bonne partie de sa longueur, et dont on se sert comme d'une pince. Une fois la chenille engagée entre les deux branches de cette pince, on rapproche ces deux branches en les pressant par le haut avec la main, et l'on amène l'insecte sans difficulté.

Il serait à désirer que l'on découvrit une poudre insecticide propre à éloigner des Choux les chenilles et les papillons. Celle de Pyrèthre qui est très efficace contre les chenilles du groseillier, pourrait peut-être nous rendre des services, mais elle est, quant à présent, d'un prix si élevé qu'il ne faut pas songer à l'employer.

Phytomyse géniculée (*Phytomyza geniculata*). — On appelle ainsi une toute petite mouche qui pond ses œufs dans le parenchyme des feuilles de diverses plantes, et dont les larves sillonnent l'intérieur de ces feuilles qui extérieurement paraissent ensuite rayées de lignes blanches contournées et repliées. Le mal, que nous fait la Phytomyse, a peu d'importance, et nous ne nous y arrêterons pas davantage.

Tipule potagère (*Tipula oleracea*, Lin.; *Pachyrhina maculata*, Macq). — Les larves de cette mouche ressemblent à des vers blanchâtres, transparents et à peau très dure. Elles sont longues de 25 millimètres, vivent en terre, rongent les racines de plusieurs plantes de nos jardins, et celles du Chou, entr'autres. Ces larves sont à craindre pendant toute la durée du printemps et au commencement de l'été. Après cette époque, elles préparent leur transformation en insectes parfaits. Sous cette forme, les Tipules ressemblent à des Cousins de grande taille, sont de couleur rougeâtre, et deviennent inoffensives.

Le seul moyen de détruire les larves de la Tipule potagère, qui ne sont pas faciles à distinguer dans la terre, est de les chercher au pied des plantes malades, et de grand matin, sans quoi, au dire de Curtis, la peine que l'on se donnerait serait inutile.

Puceron du Chou (*Aphis brassicœ*). — Les Pucerons du Chou, vus sans le secours de la loupe, et en masse, sont d'un gris verdâtre. On les rencontre par familles nombreuses dans les plis du revers des feuilles, où ils restent depuis le mois de juillet jusqu'aux approches de l'hiver. Ces insectes sont d'autant plus abondants que les sécheresses sont plus prolongées. Nous n'avons jamais eu l'occasion de nous en plaindre dans les années humides; mais, en retour, dans les années chaudes, il faut compter avec eux. Ils sucent la sève, et bientôt les plantes pâlissent, les feuilles se recroquevillent, deviennent rougeâtres par places et la végétation s'arrête. Nous redoutons plus les Pucerons que les chenilles, et comme dans notre carrière horticole, nous avons eu beaucoup à souffrir des attaques de ces Pucerons, nous avons cherché divers moyens de les détruire. On y réussirait avec la poudre coaltarée de M. Corne et avec les poudres végétales insecticides du commerce, mais nous leur préférons l'eau salée. On fait dissoudre sur le feu une petite poignée de sel gris dans un litre et demi environ d'eau ordinaire; et quand la dissolution est complète, on laisse refroidir. Après cela, on saisit d'une main le vase d'eau salée, et de l'autre un tampon de ouate ou une éponge douce, et l'on se met à la recherche des Choux puceronnés. A mesure qu'on en trouve, on plonge l'éponge ou la ouate dans le liquide, on la presse de manière à ne pas y laisser trop d'eau, puis on promène cette éponge mouillée sur les nichées de Pucerons. Ce procédé est assez expéditif et nous a constamment réussi.

Les Pucerons *verts*, comme disent les maraîchers de Paris, ont une prédilection marquée pour les Choux de Bruxelles et aussi pour les Choux-fleurs qui montent en graine; les rameaux de ces Choux-fleurs en sont quelquefois couverts au point d'anéantir la récolte de la semence.

Punaise rouge du Chou (*Cimex ornatus* de Linné). — Nous n'avons jamais eu à nous plaindre de cet insecte, mais il paraît que dans certaines contrées, il donne des inquiétudes sérieuses aux cultivateurs. M. Ch. Goureau qui l'a décrit sous le nom scientifique de *Pentatoma ornatum*, nous dit : — « Pendant les mois de juillet, d'août, et même plus tard, les Choux sont envahis par un insecte qui répand une odeur désagréable lorsqu'on le touche et qui y produit des dégâts notables lorsqu'il s'y trouve en grand nombre. Il prend sa nourriture au moyen d'un bec placé dans le prolongement de la tête; il l'enfonce dans la feuille pour en sucer la sève, et lorqu'il a aspiré tout le liquide de la blessure, il pique à côté et continue ainsi à faire une multitude de blessures à la plante qui jaunit, se dessèche, et devient raboteuse dans les endroits attaqués. Tous les endroits ainsi piqués sont perdus pour les besoins de la cuisine. »

C'est la Punaise du Chou qu'Olivier de Serres appelait une *bestiole rouge, plate au-dessus ainsi que tortue*. Voici le signalement qu'en donne M. Goureau : — « Elle a 8 à 10 millimètres de longueur. Elle est ovale. Sa tête et ses antennes sont noires ; son corselet est noir, bordé de rouge en arrière et sur les côtés, et marqué de trois taches rouges allongées, tombant sur la bordure postérieure ; son écusson est noir et porte à l'extrémité une tache rouge en forme de l'Y ; les élytres sont rouges avec le bord interne, trois taches à l'extrémité membraneuse noires ; l'abdomen est noir, avec les bords rouges entrecoupés de noir ; les pattes sont noires. L'odeur infecte qu'elle répand sort d'une très petite ouverture située entre les quatre pattes postérieures. »

La femelle pond en juillet et août sur le revers des feuilles, des œufs noirs avec points et cercle blancs, qui se touchent et sont placés sur deux lignes. Il faut les détruire. Quant à l'insecte parfait, les entomologistes conseillent de le prendre avec des pinces. C'est là un conseil qui pourrait nous mener loin si les Punaises étaient en grand nombre ; aussi nous aimons mieux nous en tenir à celui qu'Olivier de Serres donnait à ses lecteurs au temps de Henri IV. — « A cela disait-il, le remède est d'asperger sur les Choux de l'eau fresche au matin contrefaisant la pluie, pour les rafreschir et nettoyer, après avoir osté telle vermine avec les mains le plus curieusement (soigneusement) qu'on aura peu. »

§ II. — MOLLUSQUES

Limaces. — Nous n'avons pas à donner le signalement des diverses espèces de Limaces; tout le monde les connaît, tout le monde sait qu'il y en a de rouges, de jaunes, de noires, de cendrées, et avec cela de toutes petites qui sont de couleur grise et qu'on a de la peine à découvrir dans la terre où elles se cachent parfois. On nomme ces dernières *limaces agrestes*, et bien qu'elles soient les plus petites entre toutes, elles n'en sont pas moins les plus redoutables, parce qu'elles sont plus abondantes que les grosses et que l'on ne les distingue pas de loin.

Les Choux que l'on repique dans le voisinage d'une haie, d'un mur, d'un gazon, sont très exposés aux ravages des Limaces, des petites grises surtout, et d'autant plus que ces Mollusques recherchent la nuit pour satisfaire leur appétit et échapper à leurs ennemis. Quand le soleil paraît, ils s'éloignent ou bien ils se cachent dans la terre au pied même des plantes.

Il y a quelques années, des amateurs belges qui voulaient délivrer leurs jardins des Limaces faisaient grand cas des Mouettes. Il suffisait de couper les ailes à ces oiseaux de mer et de les laisser courir en liberté entre quatre murs, parmi les fleurs et les légumes. Ces oiseaux ont eu leur moment de vogue, on leur a fait les honneurs de l'annonce et de la réclame dans les grands journaux; malheureusement cette vogue a été de courte durée : les Mouettes sont d'une malpropreté telle qu'on a dû renoncer à leurs services.

Avec de la suie et de la cendre, répandues dans le voisinage des plantes que l'on veut protéger, on réussit pendant quelques jours à tenir les Limaces à distance, mais
dès que ces substances sont imprégnées d'humidité, elles
cessent de former obstacle. On a proposé d'arrêter les
Limaces avec des écailles d'huîtres grossièrement pilées et
éparpillées sur le sol, mais tout en reconnaissant que le
procédé doit être bon, il faut reconnaître aussi que les
écailles d'huîtres ne sont pas faciles à piler. Donc, à notre
avis, il vaudrait mieux, quand on a de la sciure de bois à
sa disposition, s'en servir pour établir un barrage qui serait plus simple et plus économique.

Quelques personnes mettent des cœurs de laitue entre
les légumes qu'elles veulent préserver des Limaces grises
ou Loches. Celles-ci abandonnent tout pour la laitue, et
le matin de très-bonne heure, on peut les surprendre à la
maraude. C'est fort bien ; toutefois, on remarquera que les
cœurs de laitue ont une certaine valeur et qu'on ne se soucie
guère de les sacrifier à l'époque où l'on repique d'ordinaire
les premiers Choux.

On assure enfin, et nous le croyons sans peine, que des
fleurs d'Acacia, mises en petits tas, çà et là, dans le potager et recouvertes de feuilles du même arbre, jouissent de
la propriété d'attirer les Limaces et qu'on peut en détruire
considérablement à l'aide de ce piége ; mais nous nous per-
mettons de faire observer que le moyen n'est pas appli-
cable en toute saison et que l'acacia fleurit tardivement.
Néanmoins, la recette est simple et bonne, et nous ne saurions trop conseiller de s'en servir, car il y a toujours profit à diminuer le nombre de ses ennemis.

Hélices. — Les Mollusques auxquels on donne vulgairement le nom d'*Escargots* et de *Colimaçons*, sont les HÉLICES des naturalistes. Il en existe un grand nombre d'espèces de diverses formes, de diverses couleurs et de dimensions très-variables. L'*Hélice vigneronne*, si commune en Bourgogne, en Champagne, est recherchée pour la consommation à Paris; l'*Hélice des jardins* et l'*Hélice chagrinée*, très-répandue dans les jardins des environs de Paris, sont les Escargots, dont nous avons le plus à nous plaindre, et qui demandent à être surveillés de près. On constate avec raison qu'ils recherchent les endroits humides et qu'ils se montrent surtout dans les temps pluvieux; cependant, à en juger parce que nous avons vu en 1863, dans notre jardin de Bois-de-Colombes, nous sommes forcé de reconnaître qu'il y a des exceptions à la régle. L'année fût très-sèche, l'eau nous fit complètement défaut, et malgré cela, les Escargots se montrèrent en nombre prodigieux.

On n'est pas sûr que les Escargots jouissent du sens de la vue, mais on leur accorde celui de l'odorat. Cependant, quand on les voit se diriger de loin vers un arbre de prédilection, comme l'Acacia ou le Cytise, plutôt que vers un autre arbre; quand on les voit regagner sûrement leurs trous, leurs abris, on est tenté de croire que le hasard n'est pas leur seul guide.

Quoiqu'il en soit, et en dehors de la question scientifique, il est un point que personne ne conteste, c'est que des Escargots dans un parc de jeunes Choux ne font point l'affaire du cultivateur. Dès que la feuille devient coriace et que les pommes sont formées, ils n'y commettent plus de

dégâts appréciables; souvent même ils n'y touchent pas
et ne font que s'abriter honnêtement entre les feuilles
contre les rayons du soleil. Encore une fois, nous n'avons
d'inquiétude que pour nos jeunes Choux qu'ils aiment presque autant que les jeunes feuilles de haricot.

Nous connaissons plusieurs bons moyens de défense à
leur opposer. Une digue en sciure de bois, le long d'un
mur ou d'une haie, les empêche de passer; la chasse à la
main, dans la matinée, surtout après une pluie, est toujours
fructueuse; avec des rameaux d'acacia ou de cytise, disposés par petits tas dans le jardin, on est sûr de les attirer
et d'en prendre beaucoup dans la journée; on est également sûr de les attirer en cultivant une planche de poireaux,
car ils se réfugient dans les gaines des feuilles et au revers de ces feuilles. Enfin, il est à remarquer que les potagers, où l'on permet aux poules de chercher librement
leur nourriture à l'automne, sont moins infestés d'Escargots l'année suivante que les potagers où les poules ne sont
pas tolérées.

§ III. — ANNÉLIDES

Vers de terre. — Généralement, en France, on tient
les Lombrics ou Vers de terre pour très inoffensifs; en
Belgique, on n'en a point une opinion aussi favorable, et,
dans la province de Luxembourg, il n'est pas rare de voir
les cultivateurs prendre une lanterne allumée et s'en aller
à pas de loup au printemps dans leur potager, pendant
une nuit pluvieuse, afin d'y surprendre les Vers de terre.
Ce n'est point le gros Lombric qui les inquiète, c'est un

autre Ver plus petit et d'une vivacité d'anguille. On reproche à celui-ci de s'enrouler autour des tiges frêles des
Choux repiqués, de les courber, d'attirer la sommité en terre
et de les dépouiller des feuilles tendres du cœur. Nous
avons observé, en effet, des Choux dans cet état, mais nous
n'avons pas cherché à découvrir la cause du mal. Nous
n'osons point en accuser un ver de terre, puisque nous ne
l'avons pas pris sur le fait; cependant, nous sommes tenté
de croire l'accusation fondée, d'après les assertions de
praticiens sérieux et dignes de foi.

Nous venons de dire qu'on chasse ces vers à la lanterne
et qu'on en saisit le plus qu'on peut avec la main avant
qu'ils aient eu le temps de regagner leurs galeries; nous
devons ajouter qu'on les extermine aussi en plein jour.
Pour cela, on met un pieu à chaque extrémité des planches du potager; deux hommes frappent ces pieux avec
une masse de fer ou un lourd maillet, et par suite des
secousses et de l'ébranlement imprimé au terrain, les vers
se sauvent à la surface où on les prend.

Il est d'usage encore d'arracher des poignées d'herbe fine
et d'éparpiller cette herbe sur les planches où l'on a repiqué des Choux, afin *d'amuser les vers*. Pendant qu'ils en-
traînent cette herbe dans la terre, ils ne touchent pas aux
Choux. Nous avons eu recours plus d'une fois à ce moyen
qui nous a paru très-utile.

§ IV — MYRIAPODES

Jules. — Les Jules font partie de ces animaux que nous
connaissons tous sous le nom de *mille pieds*. Ils sont nui-

8

sibles aux Crambés ; ils en coupent les racines et les font souffrir considérablement. Quand on s'aperçoit de cet état de souffrance, il faut lever la plante avec une bêche, la débarrasser des Myriapodes, la replanter tout aussitôt et arroser. La reprise est immanquable et rapide.

TROISIÈME PARTIE

EMPLOI DES CHOUX

---

§ Ier. — DE L'EMPLOI DES CHOUX A TITRE
DE FOURRAGE VERT

Nous avons décrit les Choux cultivés à titre de plantes fourragères; il n'est par conséquent pas nécessaire de rappeler leurs noms et leurs caractères; seulement, nous avons fait un oubli qu'il convient de réparer; nous aurions dû dire que, parmi les Choux pommés, destinés le plus ordinairement à la nourriture de l'homme, on en distrait une certaine quantité de la variété dite *Chou quintal*, pour l'alimentation des animaux.

Les Choux, quels qu'ils soient, non pommés ou pommés, peuvent servir à la nourriture des vaches, des bœufs, des veaux, des moutons, des porcs, des lapins et des poules.

On n'est pas du tout d'accord sur la valeur nutritive des Choux.

Bürger la trouve faible et pose en fait qu'il faudrait 100 kil. de feuilles vertes pour remplacer 6 kil. 9 de bon foin sec;

Mayer, au contraire, assure que 100 kil. de Choux valent 40 kil. de foin ;

Thaër pense que les 100 kil. de Choux ne représentent que 23 kil. de foin ;

Crud réduit à 20 kil. l'équivalent en foin, et d'autres descendent à 17 kil.

M. de Gasparin, et avec raison selon nous, établit une distinction que voici : Il admet avec Crud que 100 kil. de Choux ne nourrissent pas plus que 20 kil. de foin ; seulement il reconnaît avec Mayer que 100 kil. de Choux fournissent autant de graisse et de lait que 40 kil. de foin. C'est donc surtout par sa propriété d'engraisser et de fournir du lait que le Chou se recommande à l'attention des cultivateurs ; et c'est, en effet, cette propriété que les praticiens exaltent.

Bosc, en avançant qu'un bœuf mange 100 kil. de feuilles de Chou par jour, établit par là que les feuilles en question ne représentent que 20 kil. de foin.

Dans les Flandres belges, une vache à lait de 300 kilos mange journellement à l'étable, 3 kil. paille et foin haché, 40 kil. navets et 1 kil. tourteau de lin. Or, les 40 kil. de navets pourraient être remplacés sans inconvénient par 40 kil. de feuilles de Choux, mais si l'on ajoutait les équivalents de la paille, du foin haché et du tourteau, on se rapprocherait des 100 kil. de feuilles indiqués par Bosc.

Dans la plupart des cas, cependant, une bête qui recevrait 80 kil. de feuilles de Chou par jour, serait convenablement nourrie, et, en se basant sur ce chiffre, on reconnaît qu'une récolte de 40,000 kilog. de Choux par hectare représente la nourriture d'un bœuf ou d'une vache pendant cinq cents jours ou la nourriture de 8 têtes de gros bétail pendant deux mois environ. Nous avons pris le chiffre de la récolte de M. Rieffel, à Grand-Jouan. Dans l'Ouest, on ne l'atteint pas toujours; on calcule ordinairement sur 30,000 kil. de feuilles de Chou cavalier, auxquelles il faut ajouter les tiges qui pèsent à peu près le quart des feuilles, ce qui porte le total à 375 quintaux métriques de nourriture ou 37,500 kilos. En retour, nous ferons observer que les Anglais, au rapport d'Arthur Young, obtiennent par hectare un produit moyen de 90,000 kilos en plantant de 14,000 à 18,400 pieds par hectare, tandis que les cultivateurs de l'Anjou en mettent de 27 à 33,000. En Alsace, l'hectare de Chou quintal, planté à raison de 10,000 pieds par hectare, rend 40,000 kilogr.

Les moutons sont très-avides de feuilles de Choux, et les engraisseurs se félicitent des résultats qu'ils obtiennent avec ce régime. Pour ce qui est de la ration journalière à leur donner, on la fixera au quadruple ou au quintuple du poids de foin sec donné habituellement, puisque 4 ou 5 kil. de feuilles ne représentent en valeur nutritive qu'un kilo de ce foin.

Les lapins, on le sait, recherchent beaucoup aussi les feuilles de Choux, et c'est parce que ces feuilles constituent leur nourriture habituelle que l'on applique aux lapins de clapier, le nom de *lapins de Choux*. Il faut reconnaître en même temps que l'épithète a quelque chose d'insultant et caractérise une chair de qualité inférieure. Assurément, les lapins de Choux ne valent pas ceux de garenne; toutefois il y a un moyen d'élever leur niveau : c'est de suspendre l'emploi des feuilles de Choux cinq ou six jours avant de les tuer, de remplacer ces feuilles par des carottes, du se-

neçou, du laitron, du velar à feuilles étroites, de l'avoine,
et surtout d'ajouter du persil à chaque ration.

Les poules sont, elles aussi, friandes de feuilles de Choux,
et les nôtres ne reçoivent pas d'autre nourriture verte en
été. On les leur donne telles quelles, sans les diviser, et
elles les déchiquètent si bien qu'il n'en reste bientôt plus
que les nervures et les plus grosses côtes. Ce régime ra-
fraîchissant leur est très-salutaire et n'a aucune influence
regrettable sur la saveur des œufs.

Nous voudrions pouvoir en dire autant pour ce qui concerne le lait des vaches et des brebis. On a eu tort d'affirmer que les feuilles gâtées sont les seules qui communiquent
à ce lait leur saveur propre et que les feuilles parfaitement
saines ne la lui communiquent en aucune façon. Les palais
délicats protestent contre cette assertion. Pour ce qui est
de la viande de bœufs engraissés avec des feuilles de Choux,
nous n'avons pas de remarque désobligeante à faire ; au contraire, nous constatons que ceux de Cholet, qui sont précisément dans ce cas, jouissent d'une considération particulière. Reste à savoir si le régime du Chou est ou n'est pas
suspendu quelques jours avant de les livrer à la boucherie.
Là-dessus, nous ne savons rien.

Le plus habituellement, les feuilles de Choux et les tiges
fendues en quatre parties sont administrées à l'état vert ou
cru, aux animaux de la ferme ; mais il y aurait profit à les
faire cuire d'abord, si nous devons nous en rapporter à
l'avis des cultivateurs limbourgeois et hollandais qui nourrissent leurs vaches avec une macédoine de légumes cuits,
dans laquelle les feuilles de Choux ne sont pas oubliées.

On nous a quelquefois parlé de feuilles de Choux con-

servées en tonnes ou en silos comme les feuilles de betteraves, au moyen d'une énergique compression et de quelques
poignées de sel. Nous ne connaissons pas autrement cette
espèce de choucroûte destinée au bétail ; la confiance qu'elle
nous inspire est très-limitée.

En ce qui regarde le Chou marin ou Crambé maritime,
il y aurait des essais à tenter. La feuille de cette plante
arrivée à son complet développement est épaisse, succu-
lente, et fournirait beaucoup de nourriture. Nous l'avons
donnée à nos vaches ; les unes l'ont bien mangée, les autres
l'ont refusée ; nous l'avons donnée ensuite aux moutons qui
s'en sont montrés fort avides. C'est donc de ce côté qu'on
devrait diriger surtout les essais. S'ils réussissaient, et
nous n'en doutons guère, on pourrait sans inconvénient
pour les souches, commencer la cueillette en octobre et la
continuer jusqu'aux gelées.

Le Chou-rave ou colrave ne fournit pas seulement ses
feuilles à la consommation ; il fournit, en outre, les renflements de ses tiges. Ces boules demandent à être divisées,
comme les racines de Betteraves et de Rutabagas, pour la
nourriture des animaux. Nous n'avons pas de renseignements précis sur la valeur nutritive de cette plante, mais
l'estime dont elle jouit en Angleterre, nous autorise à croire
que les engraisseurs ont à s'en louer.

Les Choux-navets ou Rutabagas ont été mieux étudiés
que le Chou-rave, au point de vue de l'alimentation du
bétail. Commençons par noter que le rendement en poids
est à peu près le même que celui des Choux cultivés pour
leurs feuilles. Ainsi, Dickson a obtenu par hectare de 70 à
80,000 kil. de Rutabagas ; Bürger, de 50 à 60,000 kil., et

M. Rieffel, 48,000 kil. On peut considérer comme récolte maxima d'après M. de Gasparin un produit de 800 quintaux de racines et 544 quintaux de feuilles, et vraisemblablement, selon nous, une récolte minima de 300 quintaux de racines et environ 7,000 kil. de feuilles.

D'après Schwerz, 100 kil. de Rutabagas représentent 50 kil. de foin : d'après Thaër, 33 seulement ; d'après M. Boussigault 25 au plus ; et d'après M. de Gasparin (racines et feuilles) 18 kil. 3 de foin, pas davantage. « Mais, dit M. de Gasparin, il est possible que, dans l'engraissement, 100 kilogr. de cette racine aient la même vertu engraissante que 30 kilogr. de foin. »

Voici maintenant l'opinion de M. de Weckherlin sur ce qu'il appelle les *raves*, parmi lesquelles les Navets de Suède et Rutabagas se trouvent naturellement. — « Toutes les espèces de raves, dit-il, sont, à part les différences indiquées et leur valeur en foin différente, un aliment très-bon, très-salutaire pour les bêtes bovines, et remplacent le mieux le bon foin. Elles ne produisent pas du tout les mêmes dérangements que les pommes de terre, surtout relativement aux fonctions génitales des femelles. Pourtant, il faudrait aussi pour l'alimentation avec les raves ne pas dépasser une certaine mesure que j'établirai en équivalent de foin à la moitié de la ration journalière. Avant de les employer ou de les couper, elles doivent être nettoyées de la terre qui y adhère, soit à sec avec le couteau, soit, si c'est nécessaire, par des lavages. »

Le même auteur ajoute : — « Les Choux, surtout le Chou à tête et le Chou de vache, sont une excellente nourriture pour le lait. Avant de les employer, on les coupe un peu. »

Quant au rôle que les Rutabagas remplissent dans l'engraissement des bœufs, on nous permettra de prendre l'avis de M. de Dombasle qui a le mérite de le formuler très-pratiquement. — « On peut, dit-il, employer à l'engraissement des bœufs beaucoup d'espèces de nourriture : quelquefois, mais rarement, l'engraissement d'hiver se fait avec du foin seul ; dans ce cas, on calcule parfois qu'un bœuf de 350 à 375 kil., auquel on donne 20 kil. de foin par jour, augmente chaque jour, d'un kilogr. de viande ; mais il faut des circonstances bien favorables pour que l'on atteigne cette proportion. Il est bien préférable de remplacer une grande partie du foin par des racines, telles que Betteraves, Pommes de terre, *Rutabagas*, Carottes ou Panais. Si, au lieu de 20 kil. de foin, un bœuf en reçoit seulement 5, avec 30 ou 40 kil. de racines, il profite à peu près également. »

En ce qui concerne l'engraissement des moutons, M. de Dombasle nous dit : — « Presque toutes les racines que l'on cultive pour fourrage conviennent très-bien à l'engraissement des moutons, pourvu qu'on y joigne un peu de foin. On peut ranger ces racines dans l'ordre suivant, relativement à la propriété dont elles jouissent de contribuer à l'engraissement, à poids égal de racines : Pommes de terre, Betteraves, Carottes, *Rutabagas*, Navets. On ajoute ordinairement à cette nourriture des tourteaux de lin, pilés dont on saupoudre les racines coupées par tranches, ou des grains moulus grossièrement. »

« Avec une alimentation abondante, l'engraissement des moutons peut se terminer en deux mois. Il est avantageux sous le rapport de la quantité de nourriture qu'on doit y employer, d'accélérer autant que possible l'engraissement, en faisant consommer aux bêtes d'aussi fortes rations qu'elles peuvent en supporter, sans néanmoins faire naître chez elles le dégoût par une surabondance excessive de nourriture. »

Il est d'usage aussi chez quelques cultivateurs d'élite d'administrer les Rutabagas en mélange avec de la paille ou du foin haché. A cet effet, on fait une couche de paille hachée ou de foin haché ; on la recouvre de tranches de Rutabagas que l'on saupoudre avec un peu de sel ; puis on ramène une couche de foin ou de paille, puis un lit de Rutabagas, toujours avec un peu de sel, et ainsi de suite jusqu'à ce que le tas suffise à la consommation du jour. Au bout de dix à douze heures, un commencement de fermentation se déclare dans la provende et le moment est venu de la répartir entre les animaux. Les Rutabagas en mélange avec la paille, servent à la nourriture d'entretien, tandis que les Rutabagas en mélange avec le foin haché et donnés à plus haute ration, servent à l'engraissement.

§ II. — DE L'EMPLOI DES CHOUX DANS LES PRÉPARATIONS CULINAIRES

Tous les Choux ne possèdent pas indistinctement les mêmes qualités ; ils ne conviennent pas tous indistinctement aux mêmes préparations. Généralement, les Choux les plus estimés sont ceux de Milan ou de Savoie, c'est-à-dire les Cabus à feuilles cloquées. Nous voulons bien reconnaître, avec le plus grand nombre, la supériorité des Cabus de cette sorte sur les Cabus blancs à feuilles lisses (Choux d'York et Choux d'Allemagne) ; nous voulons bien reconnaître qu'ils sont plus tendres, d'une cuisson plus facile et d'une saveur moins prononcée, mais on nous permettra de faire remarquer, en passant, qu'ils ont les défauts de leurs qualités. Ils tombent en purée et se réduisent à rien la plupart du temps. Ainsi, nous ne conseillons pas trop d'en faire cuire avec le lard, car, alors même que l'on bourrerait la marmite jusqu'à l'anse, les amateurs n'y trouveraient pas leur compte après la cuisson. Dans ce cas particulier, on doit préférer les Choux d'York bien durs et bien jaunes, les Chous coniques de Poméranie et de Winnigstadt, les Choux de Saint-Denis, les Trapus de Brunswick et le Chou Joanet, au Choux de Milan ou de Savoie. Ils se défont moins, rendent plus au plat et sont plus savoureux. A défaut de ces derniers Cabus, vous pourriez vous servir du Quintal d'Alsace, mais il ne vaut pas les autres, et, d'ordinaire, on le réserve pour la fabrication de la choucroûte.

Quant aux Choux non pommés, ils sont d'un faible rapport, mais l'on s'estime heureux de les trouver dans le potager, à la sortie de l'hiver, en compagnie du Chou de Bruxelles.

Les Choux rouges n'ont pour ainsi dire rien de commun avec ceux qui précèdent; ils en diffèrent autant par la saveur que par la couleur.

Maintenant que nous savons un peu à quoi nous en tenir sur les qualités des diverses races de Choux, il ne nous reste plus qu'à vous entretenir en détail des préparations qui conviennent à chacune d'elles. Nous allons, sans le moins du monde nous sentir humilié, entrer de plain-pied dans le domaine de la cuisine villageoise, car s'il est utile de savoir cultiver les plantes, il ne l'est pas moins de savoir les utiliser. Il va sans dire, toutefois, que pour traiter le sujet qui va nous occuper, nous avons dû prendre nos renseignements à bonne source et consulter par conséquent des personnes plus autorisées que nous en pareille matière.

Soupe aux Choux. — Mettez de l'eau dans la marmite, prenez un petit Chou de Milan, un Poireau et une gousse d'Ail. Coupez le tout bien fin, excepté l'Ail que vous retirerez au moment de servir; jetez ces légumes dans l'eau, alors qu'elle commence à bouillir, ajoutez sel et poivre et laissez cuire. Ensuite, coupez votre pain dans la soupière, mettez-y un bon morceau de beurre frais et trempez.

Soupe aux Choux-raves. — Suivez le même procédé que pour la soupe aux Choux ordinaires; seulement poivrez un peu plus.

Soupe aux Rutabagas ou Choux-navets. — Mettez dans votre marmite la quantité d'eau nécessaire; quand elle commencera à bouillir, vous y jeterez des morceaux de Rutabagas ou Choux-navets. Après cela, vous ajouterez un Poireau haché avec un peu de Céleri (côtes et feuilles tendres); vous salerez, poivrerez et laisserez cuire. Aussitôt les légumes cuits, vous ajouterez un demi-litre de lait, vous couperez le pain dans la marmite, laisserez faire un bouillon et servirez dans la soupière avec un bon morceau de beurre frais.

Soupe aux Choux, Navets et Pommes de terre. — Mettez bouillir la quantité d'eau nécessaire; prenez ensuite la moitié d'un cœur de Chou cabus blanc que vous couperez bien fin, deux beaux Navets également coupés menu et sept ou huit belles Pommes de terre entières. Quand l'eau entrera en ébullition, vous mettrez tous ces légumes dans la marmite, vous ajouterez sel et poivre, et vous laisserez cuire trois heures. Quand le tout sera bien cuit, vous écraserez les Pommes de terre dans le bouillon, et ajouterez du lait et un peu de pain. Lorsque ce pain sera suffismament trempé, vous verserez dans la soupière et blanchirez avec un peu de crème ou avec un morceau de ces prétendus fromages Gervais qui ne sont autre chose que de la véritable crème épaisse et légèrement salée, la seule qu'il soit possible de trouver à Paris. Cette soupe est excellente, surtout réchauffée.

Soupe aux Choux et au lard. — Nous nous contentons de la signaler; il n'est pas une ménagère en France, si primitive qu'on veuille la supposer, qui ne sache faire une soupe aux Choux et au lard, une *potée* comme l'on dit dans certaines localités. On sait également qu'elle est d'autant meilleure que le lard n'y est point épargné et qu'on lui lui associe du mouton et du bœuf. Pour ce qui est des légumes qu'il convient d'adjoindre aux Choux dans cette préparation, les uns veulent qu'on y mette des Pommes de terre, des petits Pois, des Carottes, des Navets et des Panais; les autres ne se soucient point des Carottes et encore moins des Pommes de terre.

Conserve de Choux rouges. — Autant que possible, prenez des Choux d'Utrecht ou Têtes de nègre, bien que les Choux rouges communs puissent servir, à défaut des

premiers. Coupez-les en lanières très-fines, formez-en un
lit au fond d'un pot, saupoudrez ce lit de sel blanc et mêlez-
y quelques grains de poivre. Tassez fortement; refaites un
second lit, salez-le et poivrez-le comme le premier, puis
tassez; et ainsi de suite, jusqu'à ce que le pot soit à peu
près plein; enfin, versez du vinaigre sur le tout de manière
à ce que les Choux baignent dedans. Au bout de quinze
jours ou trois semaines, vous pourrez vous servir de la
conserve, à titre d'apéritif, à la place de Cornichons, avec
le bœuf ou autres viandes. Vous pourrez également en
ajouter à toutes les salades en guise de fourniture.

Salade aux Choux rouges. — Cette fois encore, les
petits Choux d'Utrecht sont préférables aux autres. Coupez-
les en lanières minces, jetez-les dans l'eau bouillante et les
y laissez pendant deux ou trois minutes. Retirez après cela,
faites égoutter et assaisonnez avec huile, vinaigre, sel et
poivre. On peut également faire de la salade avec du Chou
cru, et ajoutons, pendant que nous y sommes, aussi bien
avec un cœur de Chou blanc qu'avec un cœur de Chou
rouge. L'important, est de la préparer deux ou trois heures
avant de la servir.

Choux rouges au lard ou au jambon. — Prenez des
Choux rouges communs, coupez-les menu, mettez du
saindoux dans une casserole, puis un lit de Chou rouge,
une mince tranche de jambon ou du lard, un peu de saindoux, un second lit de choux, puis le jambon ou le lard et
le saindoux, et ainsi de suite jusqu'à quantité suffisante;
salez peu, poivrez convenablement et laissez cuire à petit
feu pendant trois heures.

Choux rouges au maigre. — Coupez menu, jetez le Chou dans l'eau bouillante avec du sel, faites cuire, retirez et laissez égoutter. Après cela, mettez dans la casserole un bon morceau de beurre, et quand il sera roux, faites-y frire un ognon coupé bien fin. Versez le Chou dans la casserole, avec sel, poivre, une et même deux cuillerées de vinaigre; mouillez d'un peu d'eau chaude ou de bouillon, si vous en avez; laissez quelques minutes sur le feu et servez.

Choux rouges piqués au lard. — Prenez une pomme de Chou rouge bien dure, faites-la cuire pendant un quart d'heure dans l'eau bouillante; retirez-la, enlevez le trognon avec un couteau pointu; mettez, à la place, de la graisse, du poivre, du sel; piquez la pomme dans toutes ses parties avec des lanières de gros lard; enveloppez-la ensuite d'une toilette de porc ou de veau; mettez-la dans la casserole avec du beurre, et la tête en bas; laissez cuire à petit feu pendant trois heures, retirez et disposez sur le plat. Après cela, laissez réduire la sauce, versez sur le Chou et servez.

Choux blancs au lard. — Prenez des cabus ordinaires à feuilles lisses, et, de préférence, les Choux d'York, de Winnigstadt, trapu de Brunswick, de Saint-Denis et Joanet; enlevez les feuilles de la base, ne conservez que celles du cœur et lavez-les bien. Cela fait, jetez-les dans un litre d'eau bouillante, avec du sel et un bon morceau de lard; laissez cuire à petit feu pendant deux heures et servez.

Choucroûte. — Prenez de votre Choucroûte en cave, lavez-la successivement dans trois eaux, puis mettez-la dans une casserole de terre avec graisse, petit salé, lard ou jambon fumé, et une saucisse, si vous en avez. Poivrez, ajoutez un bon demi verre de vinaigre ou de vin blanc; laissez cuire pendant quatre heures à feu très-doux, et servez, en plaçant la viande au-dessus de la Choucroûte.

Choux aux saucisses. — Prenez, de préférence, des Choux de Milan; épluchez, lavez et jetez dans l'eau bouillante avec du sel et deux gousses d'ail; laissez cuire le tout; retirez, faites égoutter et hachez. Mettez sur le feu une casserole avec du beurre, et quand il sera roux, placez-y vos saucisses. Une fois cuites, retirez-les sur une assiette et jetez vos Choux hachés dans leur jus. Mettez du poivre, tournez pendant cinq minutes, versez sur le plat et arrangez vos saucisses au-dessus.

Choux au maigre. — Prenez des Choux de Milan, épluchez, lavez; jetez-les dans l'eau bouillante avec du sel; laissez cuire, retirez, faites égoutter et hachez. Cela fait, mettez dans une casserole un bon morceau de beurre avec un ognon bien divisé. Quand il sera roussi, jetez-y vos Choux avec poivre et sel; mouillez avec un peu de bouillon ou d'eau chaude; laissez bouillir cinq minutes et servez.

Choux au blanc. — Prenez des Choux de Milan; préparez-les comme précédemment; faites-les cuire de même, retirez, hachez et jetez dans une casserole avec un bon morceau de beurre frais, du poivre et très-peu de sel. Tournez la casserole jusqu'à ce que le beurre ait bien imprégné les Choux, et servez.

Choux farcis. — C'est un mets qui, sans être économique, n'est pas non plus très-coûteux. Prenez un Chou de Milan bien pommé; enlevez les premières feuilles; creusez le trognon, amincissez les grosses côtes qui touchent au trognon; mettez ce Chou dans une terrine, jetez dessus de l'eau bouillante pour le blanchir. Au bout de cinq minutes, retirez-le, laissez égoutter; puis entr'ouvrez les feuilles et garnissez l'entre-deux ainsi que l'intérieur du trognon avec de la chair à saucisses. Ficelez votre Chou pour que rien n'en tombe, et mettez-le cuire pendant quatre heures, à petit feu, dans une casserole avec du bouillon gras, des Ognons, des Carottes, du lard et ce qui peut rester de la chair à saucisses. Une fois le Chou cuit, retirez-le, passez votre sauce dans une passoire ou un tamis; faites-la réduire sur le feu et ajoutez un peu de fécule pour la lier. Après cela, versez-la sur le Chou.

Choux de Bruxelles au maigre et au gras. — Jetez les rosettes dans l'eau bouillante avec du sel. Lorsqu'elles sont à peu près cuites, retirez-les et laissez-les égoutter. Mettez dans une casserole ces petites pommes de Choux, avec un bon morceau de beurre frais, du poivre et du sel; laissez faire quelques tours pour achever la cuisson et versez-y une quantité suffisante de crême.

On peut les préparer au gras en employant de lagraisse ordinaire, ou de la graisse de rôti au lieu de crême.

Choux-fleurs. — Presque partout, les Choux-fleurs ont la réputation d'être un légume de luxe; aussi ne les voit-on que bien rarement figurer sur la table des cultivateurs. Ce préjugé, à l'endroit des Choux-fleurs, ne date pas d'hier; il vient de loin. Autrefois, on ne savait pas obtenir la graine de ce légume dans nos contrées; on la faisait venir à grands

frais de pays éloignés, et par conséquent les produits se
vendaient cher et n'étaient point accessibles aux petites
bourses. De là leur vieille réputation de légume de luxe,
réputation qui n'a plus de raison d'être. C'est dans l'espoir
que l'on introduira toujours de plus en plus les Choux-
fleurs dans les potagers de nos villages, que nous croyons
devoir nous occuper de ses diverses préparations, ou plutôt
de celles qui sont à notre portée.

Choux-fleurs à la sauce blanche. — Choisissez des
têtes bien serrées et bien blanches; épluchez-les avec soin,
mettez-les tremper dans l'eau avec un verre de vinaigre,
afin de renvoyer au-dessus de l'eau les chenilles qui auraient
pu vous échapper d'abord. Au bout de deux heures, coupez
vos Choux-fleurs en quatre, ou laissez-les entiers, et jetez-
les dans l'eau bouillante avec du sel et une pincée de farine.
Quand ils seront cuits, retirez et mettez égoutter.

Cela fait, préparez votre sauce blanche de la manière
suivante : Mettez bouillir dans une casserole deux verres
de lait, ou, à défaut de lait, deux verres d'eau. Délayez
dans un autre vase de la farine avec lait, poivre, sel, demi-
cuillerée de vinaigre, et jetez le tout dans la casserole
aussitôt que le lait ou l'eau bouillira, en ayant soin de toujours tourner. Après dix minutes de cuisson, vous ajouterez un bon morceau de beurre frais, laisserez fondre,
retirerez du feu, lierez avec deux jaunes d'œufs et verserez
sur votre plat de Choux-fleurs.

Choux-fleurs à la crème. — Préparez vos Choux-fleurs
et faites-les cuire et égoutter comme précédemment; puis
mettez-les sur un plat et saupoudrez de persil haché très-

fin. — Après cela, mettez dans une casserole une jatte de crème, une pincée de farine, un morceau de beurre frais, du poivre et peu de sel. Chauffez pendant cinq minutes et versez votre sauce sur vos Choux-fleurs.

Choux-fleurs au beurre blanc. — Préparez, faites cuire et égoutter comme précédemment. Puis mettez votre légume sur un plat, saupoudrez de persil haché et versez dessus du beurre fondu, salé et poivré.

Choux-fleurs au beurre noir. — Préparez et faites cuire toujours de la même manière ; égouttez, mettez sur je plat, puis salez et poivrez. Après cela, faites roussir un morceau de beurre dans la poêle, et quand il sera noir, vous verserez sur les Choux-fleurs. Enfin, rincez votre poêle avec une bonne cuillerée de vinaigre, laissez chauffer un peu et versez ce vinaigre sur le plat de légume.

Choux-fleurs au gratin. — Voici en quels termes madame Millet-Robinet indique cette préparation dans la MAISON RUSTIQUE DES DAMES : — « Lorsque les Choux-fleurs sont cuits, mettez-les dans un plat qui puisse supporter l'action du feu ; placez dessus de petits morceaux de beurre et de la mie de pain bien émiettée ; saupoudrez de sel et de poivre. Couvrez avec le four de campagne. Au début, le feu sur lequel est déposé le plat doit être un peu vif ; laissez mijoter jusqu'à ce que les Choux aient pris une belle teinte jaunâtre. Servez dans le plat même. C'est une des bonnes manières de préparer les Choux-fleurs. »

Choux-fleurs au fromage. — C'est encore à madame Millet-Robinet que nous empruntons les lignes suivantes :

— « Faites-les cuire comme à l'ordinaire; beurrez le fond d'un plat qui puisse supporter le feu, et saupoudrez le beurre de fromage rapé; placez une couche de Choux-fleurs avec du poivre et peu de sel; disposez alors une autre couche de fromage, puis de Choux-fleurs, et ainsi de suite, en finissant par du fromage. Arrosez avec du bouillon ou un peu d'eau; saupoudrez de chapelure; mettez du feu dessous et dessus, à l'aide du four de campagne; laissez mijoter pendant une bonne demi-heure, afin que le dessus soit d'une belle couleur; dégraissez; servez dans le plat même. Le fromage rapé doit être formé d'un mélange de trois quart de Gruyère et d'un quart de Parmesan.

Choux-fleurs en salade. — Faites cuire, laissez refroidir, mettez dans le saladier, saupoudrez de persil et assaisonnez d'huile, vinaigre poivre et sel.

Chou-rave ou **de Siam.** — La partie renflée de la tige est la seule dont on fasse grand cas, et avec raison, car elle est vraiment délicate quand elle n'est arrivée qu'au tiers ou au plus à la moitié de son développement complet. Jeune, sa saveur tient du Chou-fleur et du Navet.

Avant de parler des préparations qui conviennent à ce légume, il nous reste à faire une recommandation aux ménagères : c'est de préférer pour la cuisine les renflements parfaitement ronds et à peau très-fine, aux renflements allongés et à peau rugueuse vers la base. Les premiers sont toujours tendres, les autres sont parfois durs comme du bois dans leur moitié inférieure et dénoncent ainsi le résultat d'une mauvaise culture.

Chou-rave à la sauce blanche. — Pelez la pomme,

coupez-la par tranches et la jetez dans l'eau bouillante avec du sel et une pincée de farine. Laissez cuire, servez sur le plat et versez dessus une sauce blanche en tout semblable à celle dont nous avons indiqué la préparation en traitant des Choux-fleurs.

On peut faire aussi des Choux-raves à la crème et au beurre blanc, en s'y prenant de la même manière qu'avec les Choux-fleurs.

Chou-navet ou **Rutabaga.** — *Préparation au maigre.* — Pelez votre Chou-navet ou Rutabaga, coupez-le par tranches et mettez-le dans l'eau bouillante avec du sel. Laissez cuire, retirez et jetez-le dans une casserole avec un morceau de beurre, du poivre et du sel, et mouillez avec un peu de bouillon de cuisson ; laissez un peu sur le feu et servez. — Ne perdez pas l'eau qui vous aura servi à cuire le Chou-navet. Elle est excellente pour faire la soupe.

Chou-navet au lard. — Jetez les tranches du Chou-navet dans l'eau bouillante, avec un bon morceau de lard et laissez cuire.

Pas plus que dans le premier cas, ne perdez le bouillon de cuisson ; servez-vous-en pour tremper la soupe.

Chou de la Chine. — *Préparation au maigre et au gras.* — On peut préparer le Chou de la Chine comme tous les Choux feuillus comestibles, dont il a été parlé précédemment.

Chou marin ou **Crambé.** — Nous n'avons consommé le Crambé que préparé avec de la crème, à la manière des Choux-fleurs, ou, comme l'on dit encore, en petits pois, mais il est évident qu'on peut le préparer au gras ; seule-

9.

ment nous n'avons pas le droit de parler de ce que nous
ne connaissons pas. Pour ce qui est de la préparation au
maigre, on jette les jeunes pousses de Crambé dans l'eau
bouillante, afin de les dépouiller de leur couleur violacée
et de leur amertume, et une fois cuites, on les retire, on
les laisse égoutter et on les assaisonne comme les Choux-
fleurs à la crème.

§ III. — EMPLOI DES CHOUX EN MÉDECINE

Les Choux, en général peut-être, mais les Choux rouges
particulièrement, jouissent de propriétés médicales assez
importantes. Un auteur moderne, M. F.-G. Cazin les classe
parmi les expectorants. Nous extrayons textuellement de son
beau livre : *Traité pratique et raisonné des plantes médi-
cinales indigènes,* ce qui a trait à cette plante intéressante :

— « Indépendamment de ses usages culinaires, dit-il,
le Chou était considéré dès la plus haute antiquité comme
un remède précieux. Hippocrate prescrivait le Chou cuit
avec du miel dans la colique et la dyssenterie. Les Athé-
niennes mangeaient du Chou pendant qu'elles étaient en
couches (*Athenenai,* lib. IX). Caton l'Ancien, qui haïssait
les médecins, accordait au Chou des vertus merveilleuses ;
il crut que lui et sa famille avaient été préservés de la peste
par l'usage de cette plante, et que les Romains lui durent
l'avantage de se passer pendant six cents ans, des médecins qu'ils avaient expulsés de leur territoire. Pline enché-
rit encore sur les éloges de Caton, et parmi les nombreuses
maladies pour lesquelles il recommande le Chou, il men-
tionne particulièrement la *goutte.* Le Chou, dit Galien,

guérit la *lèpre* et beaucoup d'autres maladies : sa première décoction lâche le ventre, la seconde le resserre. Les philosophes, les naturalistes et les médecins de l'antiquité ont attribué au Chou la singulière propriété de prévenir et de combattre l'ivresse. Tous affirment qu'on peut boire à l'excès sans être enivré quand on a mangé des Choux. Personne, suivant la remarque de Montègre (*Dict. des sc. méd.*, t. V, p. 167) n'a encore constaté, par des expériences, la vérité ou la fausseté d'une opinion aussi remarquable et qu'on retrouve encore de nos jours parmi le peuple. Enfin, l'enthousiasme pour le Chou a été porté si loin qu'on a été jusqu'à attribuer à l'urine des personnes qui s'en nourrissaient, la vertu de guérir les *dartres,* les *ulcères,* les *fistules,* les *cancers,* etc. Cette croyance existe encore chez les habitants des campagnes. « Du moment que l'erreur est en possession des esprits, dit Fontenelle, c'est une merveille si elle ne s'y maintient pas toujours. »

« Le Chou, déchu de son antique réputation, est presque tout-à-fait relégué dans les cuisines où il tient un rang distingué comme aliment substantiel, bien qu'on l'accuse d'être parfois difficile à digérer. La Choucroûte (Chou aigri par la fermentation), fort en usage dans le Nord, devient très-salubre et plus facile à digérer. On en fait des approvisionnements pour les voyages de long cours; on la considère comme un excellent antiscorbutique.

« Réduit de nos jours à sa juste valeur comme médicament, le Chou est considéré comme légèrement excitant, antiscorbutique, pectoral. Le Chou rouge surtout est souvent employé comme béchique, et le nouveau Codex indique deux préparations de cette plante : le suc exprimé et le sirop. On prépare aussi une gelée de Chou rouge qui s'emploie comme le suc et le sirop dans le *rhume*, la *bronchite aigue* ou *chronique*, la *phtisie*, etc.

« Suivant Desbois, de Rochefort, le Chou et le Navet doivent composer la principale nourriture des scorbutiques. En y ajoutant l'usage de la salade de Cresson et des Pommes de terre, on pourrait se dispenser d'un traitement pharmaceutique. Chelius (*Trait. de chir.*, trad. par M. Pigné) conseille contre la *croûte laiteuse* la décoction de 16 gr. de Chou vert dans du lait, que l'on administre matin et soir, ou 30 gr. de cette plante, desséchée et réduite en poudre, que l'on donne chaque jour dans du lait ou dans de la bouillie. La décoction de Chou a été employée avec quelque succès dans le traitement des *catarrhes pulmonaires*, contre l'*enrouement*, les *toux diverses* et la *phthisie pulmonaire*. On le joint alors au bouillon de veau, de poulet, de limaçons, de tortue, d'écrevisses, de grenouilles, ou au sucre, au miel, à la gomme, etc.; on le donne en sirop, en marmelade. Une dame âgée de quarante-sept ans était atteinte d'une bronchite chronique contre laquelle j'avais inutilement employé sans succès pendant plusieurs mois les traitements les plus rationnels. On lui conseilla de prendre matin et soir une jatte de soupe aux Choux verts et de manger en même temps ceux-ci : elle guérit en moins de deux mois. Si l'on en croit Lobb, la décoction du Chou aurait quelquefois réussi à dissoudre les *calculs urinaires* dans la vessie. Je l'ai vue apporter du soulagement dans la gravelle.

« Lorsqu'on fait en automne des incisions longitudinales à la tige du Chou, il en découle un suc mielleux qui, au

rapport d'Hoffman, agit comme un doux laxatif. Suivant
Pauli, ce suc a une si grande activité, qu'il suffit d'en frotter
les *verrues* pour les guérir radicalement. Geoffroy rapporte
à ce sujet l'histoire d'une servante qui, par ce seul moyen,
fit complètement disparaître en quatorze jours cette sorte
d'excroissance dont elle avait les mains couvertes. — Appli-
quées chaudes sur la poitrine, les feuilles de Chou ont
quelquefois diminué ou dissipé les points de côté. Leur
application sur les plaies des vésicatoires excite une exha-
lation séreuse abondante; sur les *ulcères*, elle les déterge;
sur la tête, elle rappelle la *croûte laiteuse;* sur les *douleurs
arthritiques,* elle soulage beaucoup : On a même conseillé
d'en couvrir tout le corps, afin d'exciter une abondante
transpiration. En cataplasme sur les mamelles, ces feuilles
préviennent ou diminuent l'inflammation de ces organes,
dissipent les engorgements qui surviennent à la suite des
couches, et s'opposent à l'accumulation du lait chez les
femmes qui n'allaitent pas. — Dans la *teigne rebelle*, dit
Hufeland (*Man. de méd. prat.*, 2e édit., p. 445), on se
trouve bien d'appliquer trois fois par jour des feuilles de
Chou dont on superpose trois l'une à l'autre, et qui déta-
chent peu à peu toutes les croûtes, après la chûte desquelles
on termine le traitement par des frictions huileuses.

« M. le docteur Jules Macé a publié (*Journ. des conn.
médico-chir.*, 1848, p. 177) quelques observations qui con-
statent le bon effet de l'application de feuilles de Chou
dans diverses affections douloureuses, et notamment dans
la *goutte*, les *affections arthritiques,* le *rhumatisme.* Ce
moyen, préconisé par Récamier, doit être employé de la
manière suivante : On prend les feuilles les plus externes

du Chou; on retranche avec des ciseaux la partie saillante
de-la grosse nervure qui occupe la partie médiane; on
écrase les petites nervures collatérales. On superpose ensuite l'une sur l'autre, trois, quatre et jusqu'à cinq de ces
feuilles, puis on les faufile ensemble, afin qu'elles ne puissent pas se séparer. On les présente au feu pour les flétrir
un peu : si le Chou est un peu frisé, et si les feuilles réu-
nies forment un volume embarrassant, on les place sous
le pli d'une serviette et l'on passe sur celle-ci, à plusieurs
reprises, un fer à repasser suffisamment chauffé. Il suffit
que le cataplasme soit tiède, appliqué à nu sur la partie
malade; on l'y retient avec des bandes, des mouchoirs ou
des serviettes. Il faut le tenir en place pendant dix à douze
heures, en le remplaçant ensuite par une nouvelle application du même topique. — On doit préférer le Chou rouge
quand on peut se le procurer.

« M. Macé rapporte trois faits en faveur de ce moyen.
Premier fait : Homme qui éprouve des douleurs cruelles
dans l'estomac, les intestins, les lombes et les membres,
offrant parfois la forme de la goutte et occupant les orteils
qui se gonflent et rougissent; de nombreuses médications
sans succès. Les douleurs s'étant fixées dans les lombes,
le malade se trouve dans l'impossibilité de se lever. M. Macé
fait recouvrir la partie endolorie avec des cataplasmes de
Chou. Le résultat est si rapide que le malade peut sortir
au bout de quelques heures et faire plusieurs courses à
pied. *Deuxième fait :* Femme atteinte de *pleurodynie,* qui
éprouve un soulagement presque instantané. *Troisième
fait : Arthrite chronique* du genou, guéri par les mêmes
applications faites matin et soir pendant un mois. »

On comprendra que, dans une question de cette nature, nous ayions laissé la parole à M. Cazin. dont le nom fait autorité et qui a pris à tâche de réhabiliter dans de justes limites, l'emploi des médicaments végétaux. On nous permettra maintenant quelques observations au sujet de la propriété que l'on attribue aux Choux de prévenir l'ivresse. Il faut se rappeler que la même propriété est attribuée aux substances grasses et que les personnes qui tiennent au bénéfice de l'intempérance, se l'assurent en avalant de l'huile d'olives avant de se mettre à table. Or, il suffit, après cela, de remarquer que les Choux, préparés ordinairement avec du lard, du beurre ou de la graisse, peuvent agir à la manière de l'huile d'olives en question. Si l'effet que l'on signale se produit réellement, l'explication que nous en donnons est la seule admissible, à moins que l'on ne pense avec plusieurs savants que les Choux contiennent naturellement une quantité notable de graisse, et qu'ils doivent à cette particularité, leur avantage d'engraisser assez vite le bétail.

M. Cazin a parlé non-seulement des décoctions, mais aussi du sirop de Choux. On sait à quoi s'en tenir sur les décoctions, puisque nos soupes aux Choux ne sont rien autre chose; quant au sirop de Choux, c'est différent; on ne le connaît pas, et, par conséquent, l'on nous saura gré d'en indiquer la préparation.

Moyen de préparer le sirop de Chou rouge. — On prend soit le Chou rouge ordinaire, soit le Chou rouge d'Utrecht ou Tête de nègre; on le débarrasse des larges feuilles de la base et on pile les parties pommées dans un

mortier, avec 180 grammes d'eau, par exemple, pour un
kilog. de Chou. Une fois le légume bien pilé, on en exprime
le jus que l'on filtre ; puis on fait fondre au bain-marie une
certaine quantité de sucre dans ce jus filtré. La dose de
sucre employée ordinairement est à peu près le double en
poids de celle du liquide ; en sorte que si vous avez 3 ou
4 kilog. de jus de Chou vous devez y faire fondre 6 ou 9 kil.
de sucre.

On l'emploie comme le sirop de Navets, dans les maladies de poitrine, dont il hâte la guérison, lorsque l'inflammation commence à diminuer.

OBSERVATIONS COMPLÉMENTAIRES

Dans ce qui précède, tout ce qu'il y avait d'essentiel à dire sur les Choux, leur culture et leur emploi, a été dit. Cependant, il pourrait se faire qu'après avoir parcouru la nomenclature des catalogues du commerce, on se demandât pourquoi nous avons omis dans notre classification quantité de noms plus ou moins obscurs ou plus ou moins pompeux qui figurent sur ces catalogues. Une explication-de vient donc nécessaire, et nous allons la donner.

Nous avons eu la prétention d'écrire sérieusement un petit livre sérieux, et, pour cette raison, nous nous sommes contenté d'y placer les espèces et variétés bien déterminées. En ceci, nous avons pris pour modèle M. Vilmorin qui savait aussi bien et mieux que nous combien il est prudent de se mettre en garde contre les noms nouveaux. Les horticulteurs, surtout ceux de l'Angleterre et de l'Allemagne, sont constamment à la poursuite de gains et pour peu qu'une variation se produise pendant le cours de la végétation de leurs plantes, ils font de cette variation une nouveauté. De leur côté, les marchands grainiers, c'est-à-dire ceux qui ne se respectent pas, ne se font pas faute de débaptiser les vieilles variétés, et de substituer des noms ignorés à des noms connus. Le procédé n'est pas honnête assurément, mais il a l'avantage de piquer la curiosité des amateurs, et celui en outre, de forcer un certain nombre de clients à revenir à la source. Enfin, on rencontre çà et là des légumes dégénérés ou un peu modifiés d'une manière quelconque par la culture et le climat, auxquels on applique toutes sortes de dénominations qui, en conscience, ne sauraient constituer des nouveautés.

La maison Vilmorin qui dispose de vastes jardins, a dû, pour sauvegarder sa réputation, solidement et justement établie, soumettre à l'essai toutes les nouveautés vraies ou fausses, avant de se prononcer sur leur compte, et, malgré cela, des erreurs se sont probablement glissées dans quelques unes de ses appréciations. Quoiqu'il en soit, nous attachons une grande importance à ses expériences comparatives, parce qu'elles ont été sincérement conduites. Nous avons donc consulté la *Description des plantes potagères* et l'*Annuaire des essais* de M. Vilmorin, pour compléter notre travail et dégager du même coup notre responsabilité. On verra par l'énumération des races ou prétendues races, le peu de confiance qu'il faut ajouter à la plupart des catalogues étrangers et français.

CHOUX FOURRAGERS DE LA PREMIÈRE CATÉGORIE

Les Choux de ce groupe, vendus sous les noms de :

Chou Cesarean Waterloo. . . Chou Grüner hocher Laplandischer . . . . — Jersey kale Borecole. . } Sont identiques au Chou cavalier; seulement le Jersey kale Borecole a le feuillage plus blond et rappelle le Chou commun d'Avranches et des environs.

Chou Grüner Riesenkohl ou kuhkohl. . . . .
Chou Niedriger zarter gelber butterkohl . . . .
} Proviennent du Chou BRAN-CHU DE POITOU. Le premier a les feuilles plus vertes et plus allongées. Le second est une sous-variété méritante.

Chou Marlboro sprouts Bo-recole. . . . .
Chou Minette. . . . .
} Ressemblent beaucoup au CHOU DE DAUBENTON. Toutefois, le Minette a la feuille et la tige rougeâtres.

Chou Delaware Borecole. . .
} Celui-ci constitue une race fourragère particulière. C'est une variété de Chou cavalier ramifié, mais différent du branchu de Poitou.

CHOUX FRISÉS DE LA PREMIÈRE CATÉGORIE

Les Choux de ce groupe, vendus sous les noms de :

Chou Borecole new cabba-ging. . . . .
Chou Jerusalem kale. . . . .
— Neuer riesen krauskohl..
— New heading. . . . . .
} Sont identiques aux GRANDS ou aux PETITS CHOUX FRI-SÉS VERTS, cités dans ce livre.

Chou Brown Borecole . . . .
} Identique au CHOU FRISÉ ROUGE GRAND.

CHOUX D'YORK (TROISIÈME CATÉGORIE)

Les Choux de ce groupe, vendus sous les noms de :

Chou de Dax. . . . .
} Probablement identique au BACALAN.

Chou Cœur de bœuf doré. . .
— Nonpareil . . . .
— Early empereur . . . .
— Early hope. . . . . . .
— Enfield market. . . . .
— Early Champion . . . .
— Early wakefield . . . .
— Large Wellington . . . .
— Myatt's eclipse. . . . .
— Reliance. . . . .
— Sutton's dwarf Coombe.
— Burgess new early. . . .
— Heal's imperial. . . . .
— Kemp's incomparable. .
— Pearson's conqueror. . .
— Prince of Wales . . . . .
— De Stotternheimer . . . .

Sont ou identiques au PETIT CŒUR DE BŒUF, ou très-proches voisins de cette race. Si nous n'avons pas adjoint à ces Choux le *Dwarf rosette Collard*, c'est que s'il rappelle le petit Cœur de bœuf, il en diffère par son époque de maturité plus tardive.

— Wheeler's imperial. . .
— Lewisham. . . . . . .
— Vannack. . . . .

Très voisins du GROS CHOU D'YORK.

— Early Paradise. . . . .
— Cormack's early dwarf.
— Rosette colewort. . . .
— Heal's imperial. . . . .
— Knight early dwarf. . .
— Prince's improved. . .
— Early nonpareil cabbage
— Mac evens. . . . . . .
— New early screw. . . .

Sont identiques au PETIT CHOU D'YORK HATIF, ou à ses proches voisins, à l'exception de Rosette colewort et de Early nonpareil cabbage qui en sont deux sous-variétés.

Chou Preston's Victoria . . .

— Mitchell's prince Albert .

— Early Shakespeare. . .

— Early cone. . . . . . .

— Early conqueror . . . .

— Fairhead's Champion. .

— Incomparable . . . . .

— Hutton's superb . . . .

— Sutton's imperial. . . .

— Kentish . . . .

— King of the cabbages. . } Sont identiques au GROS

— London market. . . . . CŒUR DE BŒUF ou très-

— Tiley's early marrow. . voisins de ce Chou. Le seul

— Hallworth's Maulden ri- intéressant est le Chou

val . . . . Baguley's king qui en est

— Baguley's king. . . . . une sous-variété.

— Eastham. . . . .

— Schilling's early sweet.

— Carter's early . . . . .

— Blenheim . . . .

— Barley's superb early

fine. . . . .

Chou Jacob's large early . . .

— De Quevilly . . . . . .

— Cattell's early reliance.

— Atkin's matchless. . . . /

Chou early Peacock. . . . . { Identique au Cabbage ou

                                Chou D'YORK superfin hâ-

                                  tif.

Les races les mieux dessinées dans le groupe des Choux

d'York, mais qui ne sont pas préférables à celles que nous cultivons le plus ordinairement, sont :

Chou de Murcie . . . . { Assez bonne race, presque aussi hâtif que le Cœur de bœuf.

Schilling's queen cabbage . . { Intermédiaires entre le Chou d'York et le Cœur de bœuf.
Chou New bold improved june
Chou British queem . . . . .

Chou Columna. . . . . { Intermédiaire entre le Chou d'York et le Cœur de bœuf, mais plus tardif.

CHOUX D'ALLEMAGNE (TROISIÈME CATÉGORIE)

Les Choux de ce groupe, vendus sous les noms de :

Chou Cabus de Cahors. . . . { Sont identiques au Chou quintal ou s'en rapprochent beaucoup. Cependant le large Drumhead a les feuilles plus vertes et non ondulées; le Chou Melsbach est plus blond et un plus hâtif que le Quintal; il en est de même du Chou de Tollaincourt.
   — D'Aurillac. . . . . . .
   — Large Drumhead. . . .
   — Cabus pied court de St-
Flour. . . . .
Chou impérial. . . . .
   — Melsbach. . . . .
Gros Chou de Hollande. . . .
Chou de Tollaincourt. . . . .
   — pommé de Schweinfurt.

Petit Chou hâtif de Quévilly .
Chou de Pise. . . . . { Sont identiques au Chou Joanet ou Nantais, ou très-peu s'en faut.
   — Colas . . . .
   — de Mortagne, Chou trappiste . . . .
Chou Capuch . . . .

Chou Maloin. . . . .

— prompt d'Ingreville. . .

— Morat . . . .

— Cabus de Nantes. . . .

— Nuer sehr grosser Grie-
chischer centner. . . . . .
Sont ou identiques au Chou
Chou Angelberger mittelfrü-
her weisser . . . .
de Saint-Denis, ou très-
voisins de ce Chou, ou un
Chou de Lubscher. . . . . .
peu plus hâtifs ou un peu
— Zentner kabus ou Ul-
mer zentner kabus. . . . .
plus tardifs. Le Cabus
d'Alain est plus précoce
Chou de Mortagne très-gros.
et a la pomme plus ronde.
— Rabbit's conqueror. . . .

— Ulmer kleiner weisser
früher extra. . . . .

Chou Cabus gros de Laon. .

— Cabus d'Alais . . . . .

Chou Royal hâtif. . . . . . Identiques au Chou Tête de

— Bergheimfelder . . . . mort.

Chou Swedenburgh cattle . .

— Large Drumhead (des
Américains). . . . .

Chou Flat Dutch (des Améri-
cains). . . . .
Sont identiques au Chou de
Chou Dwarf Drumhead extra.
Hollande tardif ou très-
— Rothsichelberger. . . . .
proches voisins.

— Cabus blanc de monta-
gne (Vosges) . . . , . . .

Chou grosser Trommelkopf. .

Chou Bleichfelder . . . . . .

— de la Grèce. . . . . . .

— Magdeburger grosser platter. . . . .

Chou Guillottin . . . .

— William's neuer früher oval-runder fester kopfkohl.

Sont identiques au CHOU DE HOLLANDE A PIÉD COURT où leurs très-proches voisins.

Chou d'Aleth . . . .

— de Bergerac pommé hâtif. . . . .

Sont : le premier un CHOU DE FUMEL, le second le même Chou, mais dégénéré.

Chou Angelberger breiter grosser weisser . . . . . .

Chou pommé d'hiver de Cahors. . . . .

Chou du Pin (Calvados) . . .

Sont des CHOUX DE VAUGIRARD ou y ressemblent beaucoup.

Chou superbe de Huton . . .

A la forme du CHOU DE WINNIGSTADT.

Chou Ulmer spitz Felder. . .

— Kleiner pommerscher spitz. . . . .

Chou Neuk of Fife. . . . . .

Ressemblent au CHOU DE POMÉRANIE.

Chou Comstock's prœmium flat Dutch. . . . .

Identique au CHOU DE BRUNSWICK.

Les seules races de ce groupe qui ne figurent point parmi celles que nous avons décrites, sont les suivantes :

Cabus de Bourgogne, à feuilles très-glauques et à nervures violettes. (Le *Chou de drap d'or*) (Villefranche), le

Chou Utrechter mit blauem Rand et le *Grœne Bœrenkool* lui sont identiques).

Chou pommé blanc hâtif d'Er-furth	Très-petit, à pomme plate et serrée.
Chou de Bonneuil de Bordeaux.	Différant du CHOU DE SAINT-DENIS par sa pommaison tardive et sa feuil.e tourmentée, festonnée et plus veinée.
Chou pommé de Chevreuse. .	Entre les CHOUX DE VAUGIRARD et de SAINT-DENIS
Chou de Castros gros cabus plat.	Entre le CHOU D'ALSACE de 2e saison et le CHOU QUINTAL.

CHOUX DE FRISE (TROISIÈME CATÉGORIE)

Les choux de ce groupe, vendus sous les noms de :

Chou quintal de Constance. .	
— Polonais.	Sont identiques au GROS CHOU ROUGE DE FRISE.
— Rouge de Liége.	
— Paradies Centner-kraut.	
Chou rouge de Gand.	Sont identiques au CHOU ROUGE D'ALOST.
— marbré.	
Chou Improved red.	Sont identiques au CHOU D'UTRECHT ou TÊTE DE NÈGRE.
— rouge de sang	

La seule race nouvelle de Chou rouge, dont le mérite est d'être plus hâtive que les précédentes, est désignée sous le nom de *Chou rouge d'Erfurth.*

CHOUX DE MILAN OU DE SAVOIE (TROISIÈME CATÉGORIE)

Les Choux de ce groupe, vendus sous les noms de :

Chou de Milan de Bloemendaël.	Est identique au MILAN DORÉ.
Chou Bamberger Wirsing . . — Milan très-gros de Gand. . . . . Chou wiener früher gelbgrüner wirsing..	Sont identiques au CHOU DE MILAN PETIT HATIF.
Chou Dwarf Marcellan savoy. — Green globe savoy. . . — Milan de Waterloo. . .	Sont identiques au MILAN VICTORIA ou s'en rapprochent beaucoup.
Chou de Plougeau. . . . . . — de Milan de Pontoise. . — de Milan d'Aunis. . . . — de Milan de Norwége. . — Milan dur de M. des Orières	Sont assez voisins du MILAN DES VERTUS. Le second et le troisième en diffèrent par leur feuillage plus glauque, leur pomme plus allongée et leur époque de maturité plus tardive. Le Milan de Norwége est plus tardif aussi. Le Milan de M. des Orières a les nervures et la pomme rougeâtres.
Chou Pancalier de Vendôme.	Est un intermédiaire peu intéressant entre le MILAN ORDINAIRE et le MILAN DES VERTUS.

Chou Drumhead Savoy. . . .
— de Belgique . . . . . .
— Sehr grosser grüner Drumhead wirsig . . . . .
Chou niedriger früher extra wirsing . . . .
Chou Wiener früher Treib-wirsing . . . .

Sont, à l'exception du pre-mier, identiques au CHOU DE MILAN ORDINAIRE. Le Drumhead savoy a la pomme un peu allongée.

Chou de Milan court perfec-tionné. . . . .

Est voisin du PANCALIER.

Chou Wirsing très-hâtif. . .
— Herblinger neuer extra gekraüster savoyer. . . . .
Chou Strasbürger langkopfiger grosser zarter savoyer. . .

Sont identiques au CHOU DE MILAN A TÊTE LONGUE.

Chou Hogg's superior curled.

Est identique au MILAN DU CAP.

Chou de Milan gros de Mont-de-Marsan. . . . .

Est intermédiaire entre le MILAN ORDINAIRE et le MI-LAN DE VERTUS.

Chou romain. . . . .

Est un gros CHOU DE MILAN HATIF à pomme conique.

Chou non plus ultra. . . . .

Est une très-bonne variété du CHOU DE MILAN à pied court.

Chou Tarbais de Printemps .

Est une variété de CHOU DE MILAN à pied haut et à pomme lâche et blonde.

CHOUX-FLEURS ET BROCOLIS (QUATRIÈME CATÉGORIE)

Les Choux-fleurs, vendus sous les noms de :

Chou-fleur Early London. . . Chou-fleur dur d'Angleterre
—   Late London. . .   —   dur de Hollande
—   de Stadthold . . .   —   dur d'Angleterre
—   New giant.. . . .   —   dur d'Angleterre
—   Von Chio. . . . .   —   dur d'Angleterre

Sont tout simplement les :

—   de Russie. . . . .   —   dur d'Angleterre
—   de Russie. . . . .   —   dur de St-Brieuc
—   Mitchell's hardy early. . . . . .   —   dur d'Angleterre
—   Asiatic. . . . . .   —   dur de Hollande
—   de Walcheren. . .   —   dur de Hollande

Chou-fleur de l'Alma. . . . . { Jolie race, voisine du dur de Hollande, mais plus tardive.

Brocoli Penzance white. . . . { Identique au Brocoli blanc ordinaire.

— White Waterloo . . . { Très-voisin du Mammoth et moins bon.

— Garnett's fine late white . . . .
— Incomparable Meleville's . . . .
— Invincible early white
{ Identiques au Brocoli blanc ordinaire.

Soyons juste, et reconnaissons après cela que certaines races de Brocolis indiquées sur les catalogues méritent bon accueil. Ce sont :

Brocoli Ambler's early white { Très-bonne race hâtive blanche.

— Brimstone's . . . . . } Assez bonnes races blanches
— Dilcock's bride. . . .

— Late pink cape. . . . Bonne race hâtive violette.

— Mitchinson's Pen - Plus précoce que le Mammoth.
zance . . . .

— Chappell's white . . . Bonne race blanche.

— Dancer's late pink { Bonne race hâtive violette.
cape. . . . . . .

— Purple syrian. . . . . { Bonne race violette, naine et ramassée.

CHOUX A RACINE COMESTIBLE (CINQUIÈME CATÉGORIE)

Les Choux-navets ou Rutabagas, vendus sous les noms de :

Rutabaga Brown's new white Chou-navet blanc.

— Marshall's improved }
— Purple top East Lo- { Rutabaga à collet rouge.
thian . . . . . .

— Elliott's great pur- { Rutabaga de Laing.
ple top . . . . .

— Jeffries Sussex pur- { Rutabaga à collet rouge.
ple top. . . . . .

Ressemblent aux :

—   Josling's Saint-Albans very large. . ⎫
—   Lewisham purple top . . . . ⎬ Rutabagas à collet rouge.
—   Suttan's champion. ⎪
—   Giant new swedish ⎭

     turnip. . . . . . Rutabaga ordinaire.

CHOUX A FAUCHER

Nous n'avons pas cru devoir consacrer dans ce livre une description aux Choux à faucher, parce qu'on les cultive très-rarement et qu'on leur préfère avec raison les Choux cavaliers et branchus.

Leur culture est rigoureusement la même que celle de tous les autres Choux fourragers.

FIN.

TABLE DES MATIÈRES

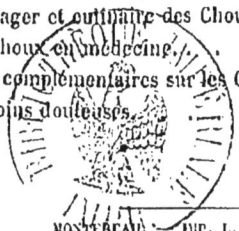

MONTEREAU. — IMP. L. ZANOTE.

EXTRAIT DU CATALOGUE DE LA LIBRAIRIE AGRICOLE

AGRICULTURE (Cours d'), par *de Gasparin*. 6 vol. in-8 et 233 gravures. 39 50
BON FERMIER (Le), par *Barral*. 1 vol. in-12 de 1,448 p. et 200 grav. . . . . 7 »
BON JARDINIER (Le), almanach horticole, par MM. *Poiteau, Vilmorin, Bailly, Naudin, Neuman, Pépin*. 1 vol. in-12 de 1,616 pages et 15 gravures. . . . . 7 »
BOTANIQUE POPULAIRE, par *H. Lecoq*. 1 vol. 432 pages et 215 gravures. 3 50
CHEVAUX (Manuel de l'éleveur de), par *Villeroy*. 2 vol. in-8 avec 121 gravures. . . 12 »
DRAINAGE DES TERRES ARABLES, par *Barral*. 2 vol. in-12, 900 p., 443 gr. . . 7 »
FLORE DES JARDINS ET DES CHAMPS, par *Lemaout et Decaisne*. 2 vol. in-8. . . 9 »
JOURNAL D'AGRICULTURE PRATIQUE, sous la direction de M. *Barral*. — Une livraison de 64 pages in-4, paraissant les 5 et 20 du mois, avec de nombreuses gravures noires et une gravure coloriée par numéro. — Un an. . . . . 19 »
LAITERIE, BEURRE ET FROMAGES, par *Villeroy*. 1 vol in-18 de 586 pages et 54 gravures. 3 50
MAISON RUSTIQUE DU 19e SIÈCLE, 5 vol. in-4 et 2,500 gravures. 39 50
POULAILLER (Le), par *Charles Jacque*. 1 vol. in-12 et 120 gravures. 3 50
REVUE HORTICOLE, publiée sous la direction de M. *Barral*. — Un n° de 24 pages in-4, les 1er et 16 du mois, et 24 gravures coloriées. — Un an. . . . . 18 »
VIGNE ET VINIFICATION, par *J. Guyot*, 2e édit. 432 pages in-12 et 30 gravures. . . 3 50

BIBLIOTHÈQUE DU CULTIVATEUR, publiée avec le concours du Ministre de l'Agriculture.
EN VENTE : 27 VOLUMES IN-12, à 1 FR. 25 LE VOLUME, SAVOIR :

AGRICULTEUR COMMENÇANT, par *Schwerz*, traduit par *Villeroy*. 1 vol. de 332 pages. 1 25
TRAVAUX DES CHAMPS, par *Borie*. 230 pages et 130 gravures. 1 25
CULTURE GÉNÉRALE et Instruments aratoires, par *Lefour*. 1 vol. in-18 de 160 pages. 1 25
FERMAGE (estimation, plans, d'améliorations, bail), par *Gasparin*, 3e édition, 384 p. 1 25
SOL ET ENGRAIS, par *Lefour*, 170 pages et 312 gravures. 1 25
MÉTAYAGE (contrats, effets, améliorations), par *Gasparin*, 2e édition, 166 pages. 1 25
ENGRAIS ET AMENDEMENTS, par *Fouquet*, 2e édition, 274 pages. 1 25
FUMIERS DE FERME ET COMPOSTS, par *Fouquet*, 2e édit., 270 pages et 10 gravures. 1 25
NOIR ANIMAL, par *Bobière*, 156 pages et 7 gravures. 1 25
PLANTES–RACINES, par *Ledocte*, 1 vol. de 230 pages et 24 gravures. 1 25
CHOUX, CULTURE ET EMPLOI, par *Joigneaux*, 1 vol. de 180 pages et 7 gravures. 1 25
PRAIRIES, par *De Noor*, 212 pages et 77 gravures. 1 25
HOUBLON, par *Erath*, traduit de l'allemand par *Nicklès*. 128 pages et 22 gravures. 1 25
ANIMAUX DOMESTIQUES, par *Lefour*, 1 vol in-18 de 162 pages et 57 gravures. 1 25
CHEVAL, ANE ET MULET, par *Lefour*. 1 vol. de 162 pages et 300 gravures. 1 25
CHEVAL (Achat du) par *Gayot*, 1 vol de 216 pages et 25 gravures. 1 25
CHOIX DES VACHES LAITIÈRES, par *Magne*, 3e édition, 144 p., 30 gravures. 1 25
RACES BOVINES, par le marquis *de Dampierre*. 2e édition. 192 pages et 28 gravures. 1 25
BÊTES A CORNES, par *Villeroy*, 4e édition, 300 pages et 60 gravures. 1 25
ENGRAISSEMENT DU BŒUF, par *Vial*. 1 vol. in-18 de 180 pages. 1 25
BASSE-COUR. — PIGEONS. — LAPINS, par Mme *Millet–Robinet*, 4e éd., 480 p., 31 gr. 1 25
POULES ET ŒUFS, par *E. Gayot*. 1 vol. in-18 de 216 pages et 35 gravures. 1 25
MÉDECINE VÉTÉRINAIRE (Notions usuelles de), par *Sanson*. 1 vol. de 180 pages. 1 25
ÉCONOMIE DOMESTIQUE, par Mme *Millet–Robinet*, 2e édition, 324 pages et 100 grav. 1 25
BIENS-FONDS (Manuel de l'Estimateur de), par *Noirot*, 360 pages. 1 25
CONSTRUCTIONS ET MÉCANIQUES AGRICOLES, par *Lefour*, 210 pages et 151 gravures. 1 25
COMPTABILITÉ ET GÉOMÉTRIE AGRICOLES, par *Lefour*, 204 pages et 104 gravures. 1 25
CHACUN DE CES VOLUMES EST VENDU SÉPARÉMENT 1 FR. 25 c.

BIBLIOTHÈQUE DU JARDINIER, publiée avec le concours du Ministre de l'Agriculture.
EN VENTE : 11 VOLUMES IN-12 A 1 FR. 25 LE VOLUME, SAVOIR :

ARBRES FRUITIERS (taille et mise à fruit), par *Puvis*, 2e édit., 220 pages. . . . 1 25
PÉPINIÈRES, par *Carrière*, 144 pages et 16 gravures. 1 25
LÉGUMES ET FRUITS, par *Joigneaux*, 100 pages et 12 grands tableaux. 1 25
POTAGER (Le), par *Charles Naudin*, 188 pages et 34 gravures. 1 25
ASPERGE (culture naturelle et artificielle), par *Loisel*, 2e édit., 108 pages et 6 grav. 1 25
MELON (culture sous cloches sur buttes, et sur couches), par *Loisel*, 3e éd., 112 pag. 1 25
DAHLIA (bouture, taille, multiplication), par *Pirolle*, 148 pages. 1 25
PÉLARGONIUM, par *Thibault*, 108 pages et 10 gravures. 1 25
PLANTES DE SERRE FROIDE, par *de Puydt*, 158 pages et 15 gravures. 1 25
ROSIER. — VIOLETTE. — PENSÉE. — PRIMEVÈRE. — AURICULE. — BALSAMINE. — PÉTUNIA. — PIVOINE, Espèces, Culture, Variétés, par *Marc-Lepelletier*, 104 p. 1 25
CHIMIE ET PHYSIQUE HORTICOLES, par *Dehérain*, 120 pages et 11 gravures. 1 25
CHACUN DE CES VOLUMES EST VENDU SÉPARÉMENT 1 FR. 25 c.

Montereau. — Imprimerie de Léon ZANOTE.

www.ingramcontent.com/pod-product-compliance
Lightning Source LLC
Chambersburg PA
CBHW072344200326
41519CB00015B/3661